장교·부사관

상황판단

SD에듀
㈜시대고시기획

Always **with you**

사람이 길에서 우연하게 만나거나 함께 살아가는 것만이 인연은 아니라고 생각합니다.
책을 펴내는 출판사와 그 책을 읽는 독자의 만남도 소중한 인연입니다.
SD에듀는 항상 독자의 마음을 헤아리기 위해 노력하고 있습니다.
늘 독자와 함께하겠습니다.

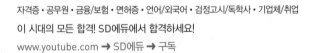

PREFACE

머리말

각 군에서는 직업군인이 되고자 하는 젊은이들 중 우수인력을 확보할 수 있는 여러 가지 방안을 강구하고 있습니다. 물론 우수한 능력을 가진 인원도 많이 지원합니다만, 평가 성적이 우수하다고 해서 군에서도 우수한 능력을 보이는 것은 아닙니다. 군에는 일반기업체와 다른 여러 가지 상황이 존재합니다. 그러한 상황을 극복할 수 있는 능력 평가의 시작점이 바로 KIDA 간부선발도구에 포함되어 있는 상황판단평가라 할 수 있습니다. 상황판단평가는 그 비중과 비례하는 배점이 점차 증가하고 있습니다. 군에서 실시하는 상황판단평가는 일반기업체에서 활용하는 상황판단평가와 근본적으로 차이가 있습니다. 군에서 일어날 수 있는 각종 상황을 부여하고 피평가자에게 요구되는 행동을 평가합니다. 그러나 수험생들은 군 복무를 하지 않은 경우가 대부분이기 때문에 시험에 제시된 상황이 다소 생소할 수도 있습니다.

이 책에서는 초급간부의 업무수행과 관련된 상황을 제시하고, 이를 바탕으로 문제를 풀 수 있도록 구성하여 문제에 제시된 상황에 대한 이해를 높였습니다. 일반기업체의 경우는 다수자의 선택으로 결과가 결정되는 반면, 군의 상황판단평가는 요구하는 답이 반드시 따로 존재합니다. 사전에 답을 정해 놓고 평가하는 것입니다. 이러한 상황과 답안은 군의 오랜 경험이 있는 사람들에게는 익숙하지만 그렇지 않은 수험생들에게는 쉽지 않습니다.

이러한 상황판단평가는 필기시험에서만 평가되는 것이 아니고 면접에서도 자주 질문 받는 상황입니다. 필기시험을 통해 기본적인 상황판단능력을 평가했다면, 면접에서는 2차적으로 발표 및 토의를 통해 검증하고 있습니다. 따라서 상황판단평가는 필기시험뿐만 아니라 면접에서도 매우 중요합니다.

이 책은 저자의 오랜 군 경험과 수험서 출간 및 검수 경험, 강의 경험을 바탕으로 수험생 입장에서 최대한 이해하기 쉽도록 구성하였습니다. 이론적인 부분과 기출자료 분석 그리고 해설을 통해 많은 수험생들에게 길잡이가 될 수 있도록 하였습니다. 또한 초급간부로서 업무수행을 하는 데 참고할 수 있는 문제해결 TIP도 다수 포함되어 있습니다.

따라서 이 책이 장교 · 부사관 · 준사관이 되고자 많은 준비와 노력을 하고 있는 수험생들에게 좋은 길라잡이가 되었으면 합니다.

예비역 대령 오세훈 올림

상황판단평가 안내

⊕ 상황판단평가란?

초급간부 선발용 상황판단평가는 군에서 일어날 수 있는 다양한 가상 상황을 제시하고 지원자가 제시된 선택지 중에서 가장 할 것 같은 행동과 가장 하지 않을 것 같은 행동을 선택하게 하여, 지원자의 행동이 조직에서 요구하는 것과 일치하는지 여부를 판단한다. 상황판단평가는 인적성 검사가 반영하지 못하는 해당 조직만의 직무 상황과 추구하는 가치를 반영할 수 있으며, 성격요인과 과거에 겪었던 경험을 간접적으로 측정할 수 있다.

⊕ 상황판단평가 구성

01 상황

다음 상황을 읽고 제시된 질문에 답하시오.

> 당신은 소(부)대장으로 임무수행 중이다. 당신의 부하 중 한 명에게 소대원들에게 지급할 보급품 수령의 공적인 업무를 명령했다. 그런데 그 부하는 명령을 수행하기 전, 중대장의 개인적인(사적) 심부름도 받게 되었다. 두 가지의 지시사항에 대하여 시간적인 문제로 인하여 결국 부하는 중대장의 심부름만 하고 당신의 명령은 수행하지 못했다.
>
> 이 상황에서 당신이
> Ⓐ 가장 할 것 같은 행동은 무엇입니까?(M)　　　　(　　)
> Ⓑ 가장 하지 않을 것 같은 행동은 무엇입니까?(L)　　(　　)

02 보기

	보기
①	명령을 수행하지 않은 것에 대해 처벌한다.
②	그냥 그러려니 하고 넘어간다.
③	중대장에게 가서 부하에게 개인적인 심부름을 시킨 것에 대하여 항의한다.
④	부하를 불러 왜 자신이 명령한 업무를 하지 않았는지에 대해 물어본다.
⑤	군대 내에서 상관의 개인적인 심부름은 부당한 것이라고 군 관련 홈페이지에 익명의 글을 남긴다.
⑥	부하에게 공적인 업무와 사적인 일이 충돌할 때는 공적인 업무가 중요하다고 가르친다.
⑦	군대는 계급이 우선이므로 부하의 행동을 칭찬한다.

INFORMATION

03 선택지

작성방법은 해당란을 수성펜으로 까맣게 채우면 된다.

		상황판단평가						
01	M	①	②	③	❹	⑤	⑥	⑦
	L	①	②	❸	④	⑤	⑥	⑦

⊕ 평가영역

군 직무역량과 부대관리 영역으로 구분되어 있다. 군 직무역량 영역의 문항유형은 문제해결, 의사결정, 임무완수, 대인관계, 자기관리, 군 가치 등으로 구성된다. 부대관리 영역의 문항유형은 부대 내에서 과거에 발생했거나 미래에 발생할 가능성이 있는 사례를 중심으로 구성된다.

군에서 발행한 「부대관리 Know-how 123」, 「초급간부길라잡이」(육군 발행) 책자를 참고하면 도움이 될 것이다.

⊕ 채점방식

일반기업체에서는 원형성(Prototype) 방식으로 지원자 응답과 우수 근무자들의 응답 간 거리(척도)를 계산하여 채점한다. 반면 군대는 시나리오 점수방식으로, 시나리오와 대안을 제시하여 응답자 선택에 따라 점수를 부여한다. 전문가에 의해 시나리오별 정답은 사전에 지정되어 있으며, 이러한 정답을 기준으로 채점한다.

요구답안 응답 일치 여부	가장 할 것 같은 행동(M)	가장 하지 않을 것 같은 행동(L)	채점
둘 다 맞혔을 때	요구답안과 일치	요구답안과 일치	+ 1.0
하나만 맞혔을 때	요구답안과 일치	요구답안과 다른 대안 선택	+ 0.5
	요구답안과 다른 대안 선택	요구답안과 일치	+ 0.5
하나를 역으로 선택했을 때	가장 하지 않을 것 같은 행동 선택	요구답안과 다른 대안 선택	- 0.5
	요구답안과 다른 대안 선택	가장 할 것 같은 행동 선택	- 0.5
모두 역으로 선택했을 때	가장 하지 않을 것 같은 행동 선택	가장 할 것 같은 행동 선택	- 1.0
모두 맞히지 못했을 때	요구답안과 다른 대안 선택	요구답안과 다른 대안 선택	0

채점기준표 점수화 방식(예)

이 책의 구성

CHAPTER 01

PART 1 기출분석

상황판단평가

01 상황판단평가란?

여러 상황을 부여하고 이에 대해 지원자의 상황판단 능력을 측정하는 평가방법이다. 이러한 평가는 현재 일부 대기업, 공기업체 입사시험에 적용되고 있으며, 군에서도 우수인력을 선발하고 평가하고자 군 초급간부선발 상황판단평가 연구를 통해 문항을 개발하여 2015년부터 적용하고 있다. 유능한 군 간부들을 대상으로 한 설문조사와 면접을 바탕으로 다수의 문제 유형을 도출하였고, 전문가들을 통해 시나리오별 최적/최악의 대안 항목을 개발하였다. 수험생들에게 4~7개의 지시문(가장 바람직한 행동, 가장 바람직하지 않은 행동), 행동유형(가장 할 것 같은 행동, 가장 하지 않을 것 같은 행동)으로 구성된 행동 지시문을 제시하여 평가한다.

① 군의 초급 또는 중간간부 임무를 수행할 때 발생 가능한 상황을 가정하고, 피평가자가 실제 취할 것 같은 행동에 대한 적합도를 진단·평가하기 위해 도입한 평가방법이다.
② 다양한 가상 상황을 제시하고 지원자의 행동이 조직(군)에서 요구되는 행동과 일치하는지 여부를 판단한다. 가상 상황을 통해 인성검사 결과가 반영하지 못하는 해당 조직만의 직무 상황을 반영할 수 있으며, 인지요인, 성격요인, 과거 경험을 모두 측정할 수 있다. 즉, 군에서 추구하는 가치와 역량을 피평가자가 갖추고 있는지 평가를 통해 측정할 수 있는 것이다.
③ KIDA에서 출제하고 있는 군 상황판단평가의 평가척도는 신분별로 장교·부사관으로 구분되며, 요구되는 능력은 6가지 유형으로 나누어 세분화된다.

[신분별 역량과 평가 척도]

구분	역량	평가 척도
장교	지휘통솔(부대관리)	효율적 조직관리, 지휘통솔, 부서대변, 부하육성의지, 심리상담능력, 군생활 의미부여
	군 가치	사명감, 명예, 충성, 상급자 지지, 솔선수범
	문제해결	문제해결, 상황판단, 통찰, 유연한 사고
	임무부여	보상교정, 이유제공, 과업명확화, 공정성, 권한위임
	대인관계	포용력, 공감, 의견청취, 언행일치
부사관	지휘통솔(부대관리)	부하육성의지, 부하관리사항 파악, 부서복지 노력, 갈등관리
	대인관계	포용력, 공감, 의견청취, 언행일치
	문제해결	문제해결, 상황판단, 통찰, 유연한 사고
	자기관리	자기관리 및 계발
	군 가치	사명감, 명예, 충성, 상급자 지지, 솔선수범
	임무부여	보상교정, 이유제공, 과업명확화, 공정성, 권한위임

03 작전 및 훈련 간 부하들과 함께한다

부하들에게 시키기만 않고 직접 시범을 보이고, 같이 뛰고 땀 흘리며, 문제점을 찾아 지도한다. 부하들과 동일하게 군장하송 및 위장을 하고 전장군기를 준수한다. 진지공사나 작업 시 서툴더라도 부하들과 같이 작업한다. 일과시간 외에 작업이나 업무를 해야 할 때 부하에게만 시키지 말고, 반드시 같이 한다.

04 부하들과 같이 운동과 취미활동을 한다

개인적으로 좋아하지 않는 운동경기나 취미활동도 부하들이 좋아하면 웃돼도 같이 동참하고, 운동 후 쉬육도 같이 한다면 유대감이 형성된다.

05 부하들의 어려움과 고통을 함께 나눈다

부하들의 어려움, 고통, 슬픔을 나의 일같이 생각하고, 찾아서 해결해줄 수 있도록 노력하고 진심으로 위로와 격려를 한다.

문제해결 TIP

동고동락의 효과
• 부하들의 불안감을 해소: 위험한 상황이나 힘들어 지칠 경우 지휘관과 함께하면 심리적 안정감을 찾아 힘을 얻을 수 있다.
• 지휘관을 신뢰하여 따름: 신세대들은 평등의식에 익숙해져 있어 지휘관이라고 열외하고 편안하게 지내는 것을 싫어한다.
• 부대의 단결과 사기 고양: 부하가 힘들고 어려울 때 동참하면 '우리 지휘관은 항상 우리와 같이 있다'는 생각을 갖게 되어 부대가 단결되고 사기가 오른다.
• 지휘관에게 충성을 다함: 지휘관이 어려운 일에 직접 진두지휘하면 부하들은 일체감을 느끼며 지휘관에게 충성을 다한다.

병사가 생각하는 '나는 이런 간부가 좋더라'
우리 소대장은 영내에 있을 때는 복장과 외모가 깔끔하고 항상 규정을 준수하는 FM 멋쟁이다. 그러나 훈련장에 나가면 우리와 똑같이 위장하고 흙먼지를 묻히며 뛰고, 밤을 흘리며 훈련을 함께한다. 그리고 언제나 힘들고 어려울 때 동고동락하기 때문에 진짜 이런 것이 군인다운 맛이 아닌가 싶다. 나도 우리 소대장처럼 행동하고 싶다.

상황판단평가의 모든 것

장교 · 부사관을 선발하는 KIDA 간부선발도구 중 하나인 '상황판단평가'가 만들어진 과정부터 기출유형 분석, 상황판단평가의 중요한 평가척도인 군 직무역량 · 부대관리 · 지휘통솔 문제 해결방법까지! 상황판단평가를 준비하는 데 부족함이 없도록 상황판단평가의 모든 것을 담았습니다.

문제해결 TIP

초급간부로서 실제 현장에서 업무수행을 하는 데 참고할 수 있는 여러 상황들을 문제해결 TIP에 담았습니다. 어떤 상황이 발생하더라도 오직 군인의 정신 자세로 지혜롭게 상황을 해결하는 능력을 키울 수 있습니다.

COMPOSITION

모의고사 7회분으로 완벽 대비

실제 기출문제와 일치율 **99.99%**! 모의고사 7회분 105문항을 풀면서 출제유형을 파악할 수 있습니다.

PART 2 모의고사

제1회 모의고사

지휘통솔

01 다음 상황을 읽고 제시된 질문에 답하시오.

당신은 함대 내 취사반 관리를 담당하고 있는 부사관이 어느 날 함정 대표소를 하게 되어 대표소를 지시·감독하고 있었다. 그런데 항상 불평을 표현하고 지시사항을 잘 따르지 않는 후배 A가 모두 청소하는 시간에 전화통화를 하면서 작업을 하지 않고 있다. 당신은 이전에도 A에게 성실하지 못한 행동에 대해 몇 번 주의를 준 적이 있지만, 고쳐지지 않고 있다.
이 상황에서 당신은 어떻게 하겠는가?

이 상황에서 당신이 Ⓐ 가장 할 것 같은 행동은 무엇입니까(M)?　　　　　　　　　( )

　　　　　　　　　Ⓑ 가장 하지 않을 것 같은 행동은 무엇입니까(L)?　　　　( )

보기

①	단체 생활의 중요성을 교육시킨 후, 특정 구역 청소를 혼자하도록 벌을 주어 경각심을 준다.
②	솔선수범하면 따를 것이므로 A와 함께 청소에 참여하여 열심히 하는 모습을 보여 준다.
③	절차에 따라 상부에 보고하며, 규정대로 처리한다.
④	인사상담 후, 다른 부대로 갈 수 있도록 조치한다.
⑤	A와 지속적으로 상담시간을 갖고, 스스로 반성할 수 있는 기회를 준다.

상황판단평가

	M	①	②	③	④	⑤	⑥	⑦

가장 설득력 있고 적절한 정답 및 해설

오랜 군생활과 장교·부사관 선발 과정 참여 경력을 가진 저자가 설명하는 다양한 상황 속 가장 바람직한 행동과 가장 바람직하지 않은 행동과 해설을 통해 군에서 추구하는 **가치와 역량**이 무엇인지 확인할 수 있습니다.

상황판단평가

제1회 모의고사 정답 및 해설

01 Ⓐ 가장 할 것 같은 행동 (②)
　　 Ⓑ 가장 하지 않을 것 같은 행동 (④)
- 선배 입장에서 지속적으로 솔선수범하면서 열심히 하는 모습을 보일 때 후배는 자신의 잘못을 느끼고 따라올 것이다. 그러나 일방적으로 징책을 한다거나 경각심을 주면 그 당시에는 잘할지 모르겠지만 지속적으로 행위가 변화하기를 기대할 수 없다.
- 보기 ④의 인사조치는 해서는 안 될 행위이다.

02 Ⓐ 가장 할 것 같은 행동 (⑦)
　　 Ⓑ 가장 하지 않을 것 같은 행동 (③)
- 의사결정에 관한 상황으로, 중대장이 확고한 결심을 해서 결정이 쉽게 바뀌기 힘들 듯하다.
- 중대장의 결정이 잘못되었다고 할지라도 즉시 현장에서 반발하는 것, 무조건적으로 따라야 한다는 것에는 문제가 있다.
- 잘못된 결정이라도 중대장이 그러한 결정을 내릴 수밖에 없는 이유를 파악해 보고 일정 시간이 지난 후 대안을 제시해 해결하는 것이 바람직하다.
- 상급자의 지시사항이 자신의 마음에 들지 않는다고 따르지 않는 것은 부하로서 잘못된 처신이다.
- 자신과 의견이 맞지 않는다고 따르지 말자고 선동하는 것은 항명으로 비쳐질 수 있기 때문에 하지 말아야 한다.

03 Ⓐ 가장 할 것 같은 행동 (①)

PART

1

기출분석

상황판단평가

01 상황판단평가란?

여러 상황을 부여하고 이에 대해 지원자의 상황판단 능력을 측정하는 평가방법이다. 이러한 평가는 현재 일부 대기업, 공기업체 입사시험에 적용되고 있으며, 군에서도 우수인력을 선발하고 평가하고자 군 초급간부선발 상황판단평가 연구를 통해 문항을 개발하여 2015년부터 적용하고 있다. 유능한 군 간부들을 대상으로 한 설문조사와 면접을 바탕으로 다수의 문제 유형을 도출하였고, 전문가들을 통해 시나리오별 최적/최악의 대안 항목을 개발하였다. 수험생들에게 4~7개의 지시형(가장 바람직한 행동, 가장 바람직하지 않은 행동), 행동형(가장 할 것 같은 행동, 가장 하지 않을 것 같은 행동)으로 구성된 행동 지시문을 제시하여 평가한다.

① 군의 초급 또는 중간간부 임무를 수행할 때 발생 가능한 상황을 가정하고, 피평가자가 실제 취할 것 같은 행동에 대한 적합도를 진단·평가하기 위해 도입한 평가방법이다.
② 다양한 가상 상황을 제시하고 지원자의 행동이 조직(군)에서 요구되는 행동과 일치하는지 여부를 판단한다. 가상 상황을 통해 인성검사 결과가 반영하지 못하는 해당 조직만의 직무 상황을 반영할 수 있으며, 인지요인, 성격요인, 과거 경험을 모두 측정할 수 있다. 즉, 군에서 추구하는 가치와 역량을 피평가자가 갖추고 있는지 평가를 통해 측정할 수 있는 것이다.
③ KIDA에서 출제하고 있는 군 상황판단평가의 평가척도는 신분별로 장교·부사관으로 구분되며, 요구되는 능력은 6가지 유형으로 세분화된다.

[신분별 역량과 평가 척도]

구분	역량	평가 척도
장교	지휘통솔(부대관리)	효율적 조직관리, 지휘통솔, 부서대변, 부하육성의지, 심리상담능력, 군생활 의미부여
	군 가치	사명감, 명예, 충성, 상급자 지지, 솔선수범
	문제해결	문제해결, 상황판단, 통찰, 유연한 사고
	임무부여	보상교정, 이유제공, 과업명확화, 공정성, 권한위임
	대인관계	포용력, 공감, 의견청취, 언행일치
부사관	지휘통솔(부대관리)	부하육성의지, 부하관련사항 파악, 부하복지 노력, 갈등관리
	대인관계	포용력, 공감, 의견청취, 언행일치
	문제해결	문제해결, 상황판단, 통찰, 유연한 사고
	자기관리	자기관리 및 계발
	군 가치	사명감, 명예, 충성, 상급자 지지, 솔선수범
	임무부여	보상교정, 이유제공, 과업명확화, 공정성, 권한위임

※ 참고: 최광현, 「초급간부 선발도구 개발 및 타당성 분석」, 국방정책연구 제25권 제4호(2009년, 통권 제86호)

01 채점기준 마련 예시

상황판단평가는 객관적인 정답이 없으므로 경험적인 결과에 의해 채점기준을 결정한다. 채점기준은 '선택지별로 제시된 역량을 발현하기에 얼마가 효과적인 행동인지'에 따라서 나누어진다. 다음은 동기부여 역량에 대한 상황과 채점기준이다.

• 동기부여 역량의 의미와 상황 예시

의미	부하들의 임무에 대한 열정과 자신감을 불러일으키고 목표달성을 위해 헌신하도록 하는 행동
상황 예시	당신의 부하 중에 병 출신 부사관이 한 명 있는데, 그는 아직 병 생활에서 벗어나지 못한 것 같아 보이는 행동을 한다. 부대원들과 스스럼없이 어울려 노는 것은 좋은 측면일 수 있지만, 본인이 최고참병이라고 생각해서 일을 전혀 하지 않고 지시만 하여 부대원들이 당신에게 와서 불만을 토로하고 있다. 이 상황에서 당신은 어떻게 하겠는가?

• 이 상황에서 위 역량을 갖춘 훌륭한 장교라면, 어떤 행동을 해야 한다고 생각하십니까? 아래에 제시된 행동반응들 각각이 위 역량을 발현하기에 얼마나 효과적인 행동인지에 대하여 다음의 점수부여 기준표를 사용하여 점수로 매겨 주십시오.

1~20점 전혀 효과적이지 않음	21~40점 효과적이지 않음	41~60점 보통	61~80점 효과적	81~100점 매우 효과적

	선택지(행동반응)	점수	순위
①	부사관에 구두경고를 하고 그의 역할과 책임에 대해 얘기해 준다.	96	1
②	부사관이 혼자서 할 수 있는 업무를 부여하고 책임지도록 지시한다.	76	2
③	부사관에게 현재 그의 직책과 직위를 상기시키고 그에 맞는 행동을 할 것을 교육한다.	52	3
④	일을 잘하는 부사관과 파트너로 일하게 하면서 보고 배울 기회를 준다.	24	4

02 상황판단평가의 특징

(1) 실제 군 생활에서 접할 수 있는 상황을 제시하여, 응시자의 태도와 가치관이 장교・부사관에 얼마나 적합한지를 판단한다.

(2) **상황판단의 핵심포인트**

① 군대에서 어떠한 상황을 판단하거나 작전 등을 결정할 때에는 보고할 대상과 순서가 있다. 명령에 따라야 하는 것이 원칙이나, 불합리한 명령에 반하는 의사를 표현할 수 있다.

② 군대는 단체사회이다. 따라서 개인적으로 행동할 수 없으며, 군인복무규율에 따라 생활해야 한다.

③ 지휘관의 역할은 군대의 전투력을 유지하고 개선하는 것임을 잊지 말고 상황을 판단해야 한다.

④ 보고가 가능한 상황과 보고가 불가능한 상황을 구분하여, 어떻게 행동하는 것이 군대의 규정을 깨뜨리지 않는 선에서 가장 최선인지 선택하도록 한다.

03 문항 수와 수검 시간

상황판단평가는 총 15개 문항으로 구성되어 있으며, 수검 시간은 20분이다. 선택한 답에 따라 기본점수에서 가·감이 되고, 문항당 약 1분의 시간이 허락되므로 짧은 시간에 빠르고 옳은 판단이 필요하다.

04 상황판단평가 빈출 기초 군사 지식

(1) **계급**: 군 조직의 상하 관계와 지휘 계통을 원활하게 위해 만든 제도
  ① 병: 이병(이등병) → 일병(일등병) → 상병(상등병) → 병장
  ② 부사관: 하사 → 중사 → 상사 → 원사
  ③ 준사관: 기술전문직 군인으로 준위 계급 하나만 존재한다.
  ④ 장교
    • 위관급: 소위 → 중위 → 대위
    • 영관급: 소령 → 중령 → 대령
    • 장성급: 준장 → 소장 → 중장 → 대장

(2) **부대 단위**: 일정한 편제에 따라 조직한 군대의 구성 단위

명칭	분대	소대	중대	대대	연대	여단	사단	군단
인원	약 10명	약 30명	약 100명	약 500명	약 2,000명	약 2,500명	약 1만 명	약 4만 명
지휘자	분대장	소대장	중대장	대대장	연대장	여단장	사단장	군단장
계급	상병~하사	소위~중위	대위~소령	소령~중령	대령	대령~소장	소장~중장	중장~대장

  ① 분대장: 주로 병사들이 맡지만, 상황에 따라 신임 하사가 맡는 경우도 있다.
  ② 소대장: 주로 소위~중위의 위관급이 맡지만, 상황에 따라 부사관이 맡는 경우도 있다. 부소대장은 보통 부사관이 맡는다.
  ③ 중대장 이상부터 인사관을 가지며, 중대장 이상의 지휘자를 지휘관이라 부른다.

PART 1 기출분석

기출유형

01 기출예제

다음 상황을 읽고 제시된 질문에 답하시오.

> 당신은 소대장이며, 당신의 소대에는 음주와 관련한 문제가 있다. 특히 한 병사는 음주운전으로 인하여 민간인을 사망케 한 사고로 인해 아직도 감옥에 있고, 몰래 술을 마시고 소대원들끼리 서로 주먹다툼을 벌인 사고도 있었다. 당신은 이 문제에 대해 지대한 관심을 가지고 있으며, 병사들에게 문제의 심각성을 알리고 부대에 영향을 주기 위한 무엇인가를 하려고 한다. 이 상황에서 당신은 어떻게 하겠는가?

이 상황에서 당신이   ⓐ 가장 할 것 같은 행동은 무엇입니까(M)?   (   )

ⓑ 가장 하지 않을 것 같은 행동은 무엇입니까(L)?   (   )

	선택지(행동반응)	순위 (예시)
①	음주조사를 위해 수시로 건강 및 내무검사를 실시한다.	1
②	병사들에게 비밀로 하여 소대의 음주 상황을 파악한 후. 문제가 된 병사들은 영창을 보낸다.	7
③	병사들에 대하여 엄격하게 대우한다. 사소한 것이라도 위반을 하면 가장 엄중한 징계를 할 것이라고 협박한다.	4
④	전체 부대원에게 음주 운전 사망사건으로 인하여 감옥에 가 있는 병사에 대한 사례를 구체적으로 설명해 준다.	3
⑤	이번까지는 눈감아준다.	5
⑥	알코올관련 전문가를 초청하여 알코올중독 및 남용의 위험에 대한 강연을 듣는다.	2
⑦	지휘관에게 보고한 후 문제가 된 병사들을 다른 소대로 이동시킨다.	6

상황판단평가								
01	M	①	②	③	④	⑤	⑥	⑦
	L	①	②	③	④	⑤	⑥	⑦

- M: ①, L: ② → + 1.0
- M: ③, L: ④ → 0
- M: ②, L: ① → - 1.0
- M: ①, L: ⑦ 등 → + 0.5
- M: ⑦, L: ⑥ 등 → - 0.5

01 군 직무역량: 상급자 또는 부대, 직무수행과 관련된 내용

- 상관이 부당한 지시를 하달할 시(일상적 요구, 법규위반이 수반되는 지시 등)
- 휴가 중 비상사태 발생 시 부대복귀
- 상관의 부당한 업무 전가
- 전역을 앞둔 말단 병장과의 갈등
- 상급부대 검열에 대한 상황(수검 우수·열등, 일과시간 이후 검열에 대한 불만 등)
- (부)소대장으로서 직무수행 문제해결 및 의사소통(의사결정)
- 상황판단 및 조치 문제(재난 등으로 인한 고립상황 등)
- 동료(또는 상급자)와 의견충돌이 일어났을 때
- 보직 또는 전출요구를 받았을 때(특히 상급자와 관련된 원인)
- 상급자로부터 수시로 회식 또는 술을 먹자고 요구받을 때
- 관련업체로부터 가족이 부당한 거래를 한 것을 알았을 때
- 업무처리가 미흡한 부하의 문제로 인해 상급자로부터 심한 질책을 받았을 때
- 어머니가 편찮으시다는 연락을 받고 병원으로 급히 출발하려는데 국지도발사태가 발생했을 때
- 교육훈련 평가인원 선발 시 수준 저조자를 임의 휴가처리 등으로 배제하고 우수자를 선발하라는 요구를 받을 때
- 계층(급) 간 갈등관리(장교와 부사관, 선임자와 후임자 등)
- 민원해결(군부대 또는 인원으로부터 발생하는 지역주민과의 갈등문제)

02 부대관리: 하급자, 인원, 시설, 장비 및 사고예방과 관련된 내용

- 왕따, 군 복무기피, 자살우려 등으로 인한 부적응 병사관리
- 훈련 중 아프다는 병사관리
- 병사 선임병(선배)의 요구에 돈을 빌려주지 않는 경우
- 부모님의 병원비를 요구하는 병사관리
- 구타 및 가혹행위 발견 시
- 연애문제로 복무에 부적응하는 병사관리
- 향응, 선물 등을 받을 경우, 비위 관련사항
- 연애문제, 집안문제 등으로 특별휴가(청원휴가)를 요청할 때

03 | 문제해결을 위한 TIP 20가지

01 | 당사자 간 문제 발생 시

상급자에게 우선적으로 해결해 달라고 요청하는 것보다는 우선 당사자 간 해결이 선행되어야 한다. 단, 당사자 간 해결이 어려울 경우 상급자에게 전후 관계를 설명하고 도움을 요청하는 것이 좋은 방법이다.

반대로 극단적·공격적·부정적인 해결방안이 가장 좋지 않다. 예를 들면, 국방헬프콜에 민원제기, 전출요구, 무조건적인 징계·처벌 등이다.

다시 말해, 개인 간 해결이 안 될 경우 1차 상급자에게 도움을 요청하고, 그래도 해결이 안 되면 2차 상급자 순으로 해결하며, 민원은 최후의 수단으로 활용해야 한다. 또한 전출요구는 본인의 책임을 회피하는 것으로 여겨질 수 있다.

02 | 부하와 상급자와의 관계

역지사지(易地思之)를 적용하는 것이 가장 좋은 해결방법이다. 특히 상관의 부당한 지시는 법적인 문제와 일반적인 문제로 구분하여 해결해야 한다. 법적인 문제는 규정대로 처리해야 하며, 일반적인 문제는 상황을 고려했을 때 상호 도움을 줄 수 있다면 큰 문제는 없는 것으로 정리한다.

03 | 규정과 방침 준수

규정과 방침 등의 법규 준수를 무엇보다 최우선으로 한다. 특히 신상필벌, 보직과 관련한 업무, 개인의 기본권(휴가, 외출 등) 등은 반드시 지켜야 할 사항이다.

04 | 토의(다수의 인원과 의사소통하는 경우)

자신과 의견이 맞지 않는다고 현장에서 무시하거나 토의를 종료하는 등의 행위를 하면 안 된다. 상대방의 의견을 존중하면서 자신의 의견을 제시하도록 한다. 특히 하급자라고 무시하면 절대 안 되며, 상급자의 의견이라 하더라도 무조건 따르기보다는 잘 검토한 후, 더 좋은 방안이 있으면 대안을 제시하는 것이 중요하다.

05 | 위험한 현장에 위치해 있는 경우

안전을 최우선으로 고려하여 조치(선 조치 후 보고)하는 것이 중요하다. 안전은 생명과 직결되기 때문에 자신에게 결정권이 없다고 방치하면 안 된다. 누구나 안전에 대한 책임자로서 행동해야 한다.

06 각종 청탁이나 부정한 행위를 요구받았을 경우

관련 규정에 따른 조치와 행동을 실시해야 한다. 학연, 지연 혹은 상급자로부터 거절하기 곤란한 요구를 받았더라도 반드시 규정에 의해 처리해야 한다.

07 공적업무와 사적업무의 충돌

공적업무에 우선순위를 두고 실시해야 하며, 하급자가 상급자의 사적인 업무를 처리하지 않았다고 질책해서는 안 된다.

08 하급자와의 갈등

빈번하게 발생하는 상황으로, 이러한 경우에는 서로 대화를 통해 해결해야 한다. 계급을 내세워 강압적으로 행동해서는 안 된다.

09 하급자 문제로 상급자로부터 질책을 받은 경우

자신의 부족함을 인정한다. 나에게는 지휘 또는 감독책임이 있으며, 특히 자신의 부하에 대한 교육책임도 있으므로 하급자를 질책해서는 안 된다. 막연히 하급자를 질책할 경우 책임을 회피하려는 인상을 줄 수 있다.

10 구타 및 가혹행위 발생 시

최근에 자주 발생하는 부분이다. 이러한 경우 2차 피해를 막기 위해 최우선으로 가해자와 피해자를 분리 조치한 후, 규정에 의거하여 처리해야 한다. 이는 구타 및 가혹행위 뿐만 아니라 성 관련 사고에 있어서도 마찬가지이다. 하지만 분리한다고 막연히 피해자를 타 부대로 전출해서는 안 되며, 즉시 가해자 이동을 원칙으로 피해자 의사를 반영해 공간을 분리해야 한다. 조사 중 가해자나 제3자의 피해자에 대한 부당한 압력, 회유, 소문 유포 등의 행위를 차단해야 한다. 사건을 해결하고 피해자의 의견을 고려한 뒤 피해자를 타 부대로 전출시켜도 부대 적응에 문제가 없을 것이라는 판단이 서면 전출을 실시해야 한다. 이때 전출 간 부대와의 긴밀한 협조를 통해 전출한 인원이 부대에 잘 적응할 수 있도록 하여야 한다.

11 일과 이후 업무를 해야 하는 경우

반드시 이유와 설명을 통해 업무자를 이해시킨 후 실시해야 한다. 간부라고 무조건 업무를 시켜서는 안 된다. 병사들의 경우에는 반드시 간부의 입회하에 업무를 통제해야 한다.

12 병사의 애로사항 조치에 대한 요구

관련 규정과 방침의 범위 내에서 실시해야 하며, 무조건 받아들이는 것은 금지해야 한다. 이를 지키지 않으면 부대의 단결을 저해하고 사기에 커다란 영향을 미친다. 예를 들면, 부대의 병사가 애인과의 불화로 휴가를 보내 달라고 하는 경우가 있을 수 있다. 이런 경우 사고예방 차원으로 무조건 보내주는 것은 안 되며, 관련 사실을 파악하고 병사의 상태, 규정을 확인하여 이에 따라 조치를 취해야 한다.

13 상급자의 결과 수정 보고 지시

상급자(또는 부서장)로부터 각종 교육훈련 및 측정결과의 저조한 수준을 높여서 상급부대에 보고하자는 요구를 받았을 때, 가장 최선의 방법은 '있는 그대로' 보고하는 것이다. 특히 결과로 신상필벌 등에 영향을 주는 경우가 해당된다. 그러나 부득이한 경우 공정성을 고려하여 동일한 비율로 올리는 식의 조치를 할 수는 있다. 하지만 이런 경우에도 특정 분야·부서·부대만 고려한 행위는 절대 금지해야 한다.

14 수준 저조자의 교체 및 대체

각종 교육훈련 평가 시 선발된 인원이 수준 저조자인 경우 이를 교체하거나 대체하는 행위를 금지해야 한다. 사전 휴가명령조치, 타 부대 전출 행위 등을 예로 들 수 있다. 이는 부정한 방법이므로 절대 해서는 안 되며, 전담자 배치 교육 등을 통해 수준을 향상시키는 방향으로 문제를 해결해야 한다.

15 업무 시 사적관계 금지

일과 내 공적임무 수행 시 사적관계(후배, 동향, 친구 등)를 고려해서는 안 된다. 상급자가 아주 친한 친구라고 반말을 하는 행위 등은 금지해야 한다. 군에는 엄격한 계급체계가 있으므로 이를 지켜가며 부대활동을 해야 한다. 일과 이후 단둘이 있을 때는 사적관계를 고려해도 무방하다.

16 상급자에 대한 항명 행위

동료 및 하급자들 앞에서 상급자를 비방하거나 의견이 서로 맞지 않는다고 상급자의 지시에 따르지 않는 행위 등은 항명으로 보여질 수 있으므로 절대 금지해야 한다. 항명죄는 군에서 가장 처벌수위가 높은 죄이다.

17 상급자의 선발행위

진급(장교)이나 장기복무연장 선발(부사관)에서 떨어졌다고 상급자에게 항의하거나 자신이 대상자보다 우월한데 떨어졌다고 주변에 발설하는 행위는 금지해야 한다. 선발은 단순하게 현재의 상황만 보고 하는 것이 아니라 당사자의 군 복무 전반에 대한 평가결과이다. 선정되지 못한 인원의 경우 경험이 많은 상급자와의 대화를 통해 자신의 복무향상을 위한 의견을 들어보는 것이 중요하다.

18 지휘관의 병사관리

도움이 필요한 병사를 관리하는 주체는 지휘관이다. 분대장에게 지시를 통해 간접적으로 관리할 수도 있겠지만 심각한 병사에 대해서는 직접 관리해야 한다. 따라서 분대장이 관리를 잘 못했다고 해서 질책해서는 안 된다. 분대장에게 있어 병사관리는 자신의 업무 외 추가업무이기도 하기 때문에 절대 부담을 주어서는 안 된다.

19 저수준 병사관리

교육훈련 수준이 저조한 병사의 경우, 우수자 또는 분대장(조교)을 통해 1 : 1로 교육을 시키는 것이 가장 좋은 방법이다. 수준이 저조하다고 해서 얼차려를 준다거나 병사의 기본권을 제한해서는 절대 안 된다.

20 작전활동 중 의견 불일치

작전활동 중 분대장과의 의견이 맞지 않을 경우 또는 상급자의 지시와 내가 생각하는 의견이 다른 경우는 상황과 임무, 시간, 여건, 부하들의 상태, 안전 등을 고려하여 판단해야 한다. 일반적으로 군에서는 이것을 METT-TC요소라고 한다.

※ METT-TC(Mission, Enemy, Troops, Terrain and weather, Time available and Civilian consideration): 임무, 적, 가용부대, 지형 및 기상, 가용시간, 민간인과 같은 작전 시 고려해야 할 요소를 일컫는다.

군 직무역량

상황판단평가에서 출제되고 있는 군 직무역량은 크게 다음과 같은 6가지 유형으로 구분할 수 있다.

| 문제해결 | 의사결정 | 임무완수 | 대인관계 | 자기관리 | 군 가치 |

01 문제해결

문제해결의 열쇠는 위기관리, 상황판단 및 해석능력, 결단력, 상황대처(변화관리), 문제해결의 유연성에 있다. 그중 '유연성'이 제일 중요하다고 생각한다. 가령, 내가 절대로 옳다는 마음은 누구나 있다. 그러나 내 생각과 반대가 되는 상황에 직면하면 한쪽 발을 뒤로 쭉 물리는 것, 이것이 바로 유연성이다. 인간관계에 있어 서로 자기가 정당하다고 확신하면 맞부딪치게 된다. 그런 상황에서의 해결이란 누군가가 먼저 한발을 뒤로 물리는 동작에서 비롯된다.

우리는 어려서부터 다른 아이한테 꼭 이겨야만 한다고 세뇌되었고, 그런 상황에서는 절대 한 발짝도 물러서면 안 된다고 배웠다. 결코 뒤로 물러서라는 것을 말하는 것이 아니다. 그저 한쪽 발만 뒤로 쭉 내미는 것, 그것이면 충분하다. 그렇게 했을 때 당신은 상관이나 동료, 부하들에게 조금 더 겸손해 보이는 사람이 될 수 있다.

군대라는 조직은 특수한 상황이 있다 보니 한발 뒤로 물러서기가 더 어려울 수 있다. 특히 상급자의 경우 더욱 그렇다. 하급자 또는 주변의 의견을 들어보고 문제를 해결하는 데 좋은 의견이라면 굳이 반대할 필요는 없는 것이다. 이러한 행동은 상황에 따라 효과적인 문제해결책이 될 수도 있고, 주변의 신뢰도 얻을 수 있다.

언쟁이 벌어졌을 때 이 말을 한번 떠올려 보자. 누군가 한마디 하면, "자네도 OK, 나도 OK라네!", "당신 말에도 일리가 있는 것 같다."라고 말이다. 그러면 상대방이 조금 당황해할 것이고 이것이 문제해결의 첫발이다.

다음 상황을 읽고 제시된 질문에 답하시오.

당신은 부소대장이다. 중대장으로부터 정찰임무를 부여받고 일몰 전에 산을 정찰하다가 시간이 지체되면서 어두워지자 소대장은 효율적으로 정찰하고자 두 조로 나누어 자신과 당신이 따로 정찰하면서 하산해 부대로 복귀하고자 한다. 그런데 부대에서 수년간 근무한 당신의 경험상 소대장이 아직 지형지물을 파악하지 못한 상태라 매우 위험하다고 판단되었다.

이 상황에서 당신은 어떻게 하겠는가?

⇨ 선택지를 확인하기 전, 위 상황에서 당신은 어떻게 행동할 것인가?

예상되는 행동 생각해 보기

① 일단 소대장이 지시한 대로 행동하되 경험이 많고 군 생활을 오래한 병사를 소대장에게 붙인다.

② 그간의 경험에 비추어 볼 때 위험한 판단이라고 잘 설명한 후 같이 가자고 설득한다.

③ 중대장에게 보고하여 소대장의 지시대로 하면 위험하다는 것을 알려 조치 받는다.

④ 일단 소대장이 지시한 대로 임무를 수행하고 나서 사후 강평으로 위험한 행동이었다고 설명한다.

⑤ 위험을 알리고 그 동안의 경험에서 나온 효율적인 대안을 제시해 본다.

문제해결 TIP

문제해결 상황판단평가 항목

아래 제시된 내용은 ①에 가까운 것이 군에서 가장 요구하는 사항이며, ⑦로 갈수록 요구수준이 떨어지는 행위이다.

①	위기상황 시 신속 정확한 결정을 내려 문제해결을 위한 최적의 방법을 선택한다.
②	결정사항에 명확한 판단 및 구체적 근거를 마련하여 상관의 의사결정을 적극 지원한다.
③	상부보고 시 문제 자체만 보고하지 않고 문제분석 후 가능한 대안을 함께 보고한다.
④	중요한 의사결정 시기를 놓치지 않고 적절한 시기에 결정을 내린다(그러나 더 나은 결정을 내릴 여지가 있었음).
⑤	문제발생 시 소극적 태도를 보이고 별다른 조치 없이 다른 사람들이 해결해 주기를 기다린다.
⑥	결단을 내려야 하는데 우유부단하여 적절한 시기에 결단을 내리는 데 어려움이 있다.
⑦	문제발생 보고 시 대안 없이 문제만 보고한다. 특히 상급자나 주변에 의지하거나 책임을 회피하는 행위를 한다.

02 의사결정

의사결정이란 어떤 주체가 자기의 활동 방침을 결정하는 것, 즉 개인이나 조직이 주어진 문제를 해결하기 위하여 가능한 한 여러 대안(代案)을 모색하고 그중 가장 합리적이고 효과적으로 목표를 달성할 수 있다고 보는 한 가지 방안을 선택·결정하는 과정을 말한다.

의사결정이 장래의 행동을 선택·결정하는 과정이기 때문에 흔히 정책결정과 같은 개념으로 파악하기도 한다. 군이 이 양자를 구분해 본다면, 정책결정은 정부조직이나 행정관료가 공적인 문제를 해결하기 위한 방안을 모색하는 선택과정이고, 의사결정은 어떤 조직이나 개인을 막론하고 공공의 문제뿐만 아니라 사적문제에 대해서도 그 해결방안을 모색·결정하는 기능을 포괄한 개념이라 하겠다. 따라서 의사결정과 정책결정은 그 결정의 주제· 대상·범위 등에 차이가 있을 뿐 본질적으로 같은 의미로 볼 수 있는 것이다.

군에서 요구하는 의사결정 요소는 의사소통능력, 설득과 협상능력, 의도 전달능력 등이다. 임무수행을 하다 보면 각종 상황에 직면하기 마련인데 신속한 의사결정이 필요할 때가 다수 있으며, 이를 해결하는 절차도 대단히 중요하다. 특히 계급으로 밀어붙이는 행위와 같이 자신의 경험과 능력을 바탕으로 결정을 일방적으로 밀어붙인다면 여러 문제점이 발생한다.

01 의사소통능력

상대방과 대화를 나누거나 문서를 통해 의견을 교환할 때, 상대방이 뜻한 바를 정확하게 파악하고 자신의 의사를 효과적으로 전달할 수 있는 능력을 의미한다. 군에서는 의사소통능력이 대단히 중요하다. 작전활동 및 부대 운영이 각종 문서 또는 구두로 진행되는데 이를 잘못 이해한다면 실패할 수 있다.

• **문서이해능력**: 업무에 필요한 문서를 확인하고 읽으며, 내용을 이해하고 요점을 파악하는 능력을 말한다.
• **문서작성능력**: 업무와 관련해 뜻한 바를 글을 통해 문서로 작성하는 능력을 말한다.
• **경청능력**: 업무를 수행할 때 다른 사람의 말을 주의 깊게 들으며 그 내용을 이해하는 능력을 말한다.
• **의사표현능력**: 업무를 수행할 때 상황에 맞는 말과 비언어적 행동으로 자신이 뜻한 바를 효과적으로 전달하는 능력을 말한다.

02 설득과 협상능력

설득이 상대방을 자기의 의도대로 이끌어 오는 데 주안점을 둔다면, 협상은 좀 더 큰 개념으로 상대방과 자기 의도의 절충점을 찾아내는 데 있다. 예를 들어 당신이 소대장이라면, 자신의 병사가 부대 근무지 이탈 후 사고를 내지 않고 부대에 안전히 돌아오도록 하는 것은 설득(일방적으로 자기의 의도대로 하도록 유도)이고, 만일 병사가 민간인 인질을 잡고 있다면, 인질에게 상해를 입히지 않도록 요구사항의 합의를 이끌어 내는 것은 협상(물론 설득의 의미를 포함하고 있음)이라고 볼 수 있다.

초급간부직을 수행하면 대부분 상급자의 지시사항에 따라 부대 및 병력을 운영하게 된다. 따라서 상급자의 의도를 명확하게 판단하고 분대장 또는 각개 병사에게 정확하게 전달하여 임무를 수행하는 것이 매우 중요하다. 임무를 받았을 때 상급자의 의도를 잘 이해하지 못한 경우 질문을 통해 파악해야 하며, 하급자에게 잘 전달해야 한다. 복명복창을 하는 것도 이런 이유 때문이다. 의도의 명확한 전달은 의사소통능력, 설득과 협상능력을 향상시키기 위한 중요한 요소이다.

기출유형분석

다음 상황을 읽고 제시된 질문에 답하시오.

> 당신은 행정담당 장교(부사관)이다. 부서에서 상급부대에 보고할 문서를 작성하는데 부대업무 추진실적이 타 부대보다 미흡하여 선임 장교(부사관)들이 부대의 실적과 맞지 않는 데이터를 임의로 수정하여 보고자료를 만들고 있다.
> 이 상황에서 당신은 어떻게 하겠는가?
>
> ⇨ 선택지를 확인하기 전, 위 상황에서 당신은 어떻게 행동할 것인가?

예상되는 행동 생각해 보기

① 허위보고가 되므로 있는 그대로 보고하자고 한다.

② 선임 장교들이 하는 일이기 때문에 관여하지 않는다.

③ 부서장에게 사실대로 이야기하고 조치 받는다.

④ 실적을 고치게 되면 정확한 통계를 내기 어려우므로 우선 그대로 보고하고 실적 향상을 위한 대안을 찾자고 한다.

문제해결 TIP

의사결정 상황판단평가 항목

아래 제시된 내용은 ①에 가까운 것이 군에서 가장 요구하는 사항이며, ⑦로 갈수록 요구수준이 떨어지는 행위이다.

①	대화 주제를 이해하고 자신의 생각이나 의견을 명확하고 간결하게 전달한다.
②	상대방의 말을 경청하고 정확하게 이해하려고 노력한다.
③	다양한 방법으로 정보를 수집하고 분석하는 노력을 한다.
④	대체적으로 주제를 이해하고 적절히 대화한다.
⑤	대화 주제를 모르고 본인의 이야기를 장황하게 설명하거나 아예 관심이 없다.
⑥	상대방의 말을 끊거나 자기 말을 더 많이 하려는 경향이 있다(자기주장만 어필하는 경향).
⑦	남의 경험이나 의견은 듣지 않고 자신의 경험이나 지식에 전적으로 의존한다.

03 　임무완수

임무를 완수하는 데 있어 중요한 요소에는 동기부여, 권한위임, 보상과 처벌, 과업실천, 역할과업 등이 있다.

01 　동기부여

자극을 주어 행동을 하게 만드는 일을 뜻하는데, 소극적 행동을 적극적으로 이행시키는 데 있어 동기부여는 중요한 요소이다. 특히 최근 사회에서는 어려운 일을 회피하고 단순하고 쉬운 일을 선호하는 계층이 점점 늘어간다고 한다. 이러한 현상은 흔히 MZ세대라 불리는 신세대로 구성된 병사 및 초급간부도 동일하게 나타난다고 생각한다. 따라서 지휘관은 부하들과 일을 추진하는 데 있어 사전에 알려주고 이해시킴으로써 동기를 부여하여 부하들이 적극적으로 임무를 수행할 수 있도록 독려해야 한다.

02 　권한위임

지휘관이 수행해야 하는 과업에 대한 권한의 일부를 예하의 지휘관에게 맡기는 것을 말한다. 군이라는 거대조직에는 다양한 상황이 존재하므로 불확실성이 큰 임무수행 시 권한위임을 통해 빠르게 상황에 대처할 수 있도록 해야 한다.

03 　보상과 처벌

대개 사람은 어떤 행동에 대해 보상이 주어지면 그 행동을 반복하고, 보상이 없거나 처벌을 받으면 그 행동을 중단하려 하는데, 이러한 일을 의도적으로 반복하여 어떤 목표에 이르게 할 수 있다. 즉, 보상과 처벌이 동기부여와 함께 목표를 달성할 수 있는 촉진제 역할을 하는 것이다. 그러나 과도한 보상과 처벌은 군 조직의 단결을 위협하는 등의 또 다른 문제를 발생시킬 수 있다.

04 　과업실천

꼭 해야 할 일이나 임무를 수행하기 위해 생각한 바를 실제로 행하는 것이다. 임무를 수행함에 있어 자기 의지가 중요하며, 지휘관은 수시로 확인하여 수준 달성 여부를 점검하고 조치해야 한다. 수준을 달성한 부서(대)에는 휴식이나 포상 등 인센티브를 부여하고, 그렇지 못한 부서(대)에는 과정을 재점검하고 나타난 문제점을 보완하고 목표를 달성할 수 있는 여건을 부여하는 등의 조치를 해야 한다. 이러한 방법은 군의 교육훈련 분야 등에 많이 적용되고 있다.

자기가 마땅히 하여야 할 맡은 바 직책이나 임무를 실천하는 것을 뜻한다. 성과를 내기 위해 각자 역할을 부여받고 임무를 수행함으로써 목표를 달성할 수 있는 것이다. 그중 가장 중요한 것이 임무완수이다. 자신의 임무를 통해 주어진 역할, 과업을 달성할 수 있도록 해야 한다.

기출유형분석

다음 상황을 읽고 제시된 질문에 답하시오.

당신은 정비업무와 정비교육을 담당하는 초급간부이다. 그런데 A간부가 정비를 하다가 중요한 부품을 파손하여 부대장으로부터 큰 질책을 받았다. 이 일로 인해 A간부는 크게 상심하여 맡은 정비업무에 두려움을 갖고 본인의 업무를 기피하는 등 무기력한 상태를 보인다.
이 상황에서 당신은 어떻게 하겠는가?

⇨ 선택지를 확인하기 전, 위 상황에서 당신은 어떻게 행동할 것인가?

예상되는 행동 생각해 보기
① A간부를 평소와 같이 대한다.
② 누구나 실수할 수 있으니 괜찮다며 A간부를 위로한다.
③ 정비팀을 집합시켜 A간부 사례를 들어 정비를 철저히 하도록 교육한다.
④ A간부의 실수에 대해 다시 A간부에게 상기시키고 정비 노하우를 알려준다.
⑤ A간부와 상담하여 애로사항을 경청한다.

문제해결 TIP

임무완수 상황판단평가 항목
아래 제시된 내용은 ①에 가까운 것이 군에서 가장 요구하는 사항이며, ⑦로 갈수록 요구수준이 떨어지는 행위이다.

①	조직이 목표를 향해 나아갈 수 있도록 하는 카리스마 있는 행동을 한다.
②	자신의 의견이나 생각을 관철하려는 경향이 있으며, 반대 의견에 대응할 줄 알고 다른 사람의 의견이나 생각을 바꾸기 위해 노력하는 행동을 한다.
③	책임지려 하고 조직목표를 설정하는 데 뛰어난 능력이 있다. 부하 및 동료를 독려하고 동기를 부여하는 능력이 뛰어나다.
④	자신감 있고 적극적인 자세로 본인의 임무를 수행한다.
⑤	평소 부하를 이끌 만한 자신감, 추진력이 부족하다.
⑥	자신의 의견을 제대로 관철하지 못하고, 반대 의견에 직면하면 쉽게 물러서는 경향이 있다.
⑦	조직에 대해 책임지거나 조직목표를 설정하기를 두려워 한다. 부하 및 동료에게 동기를 부여해서 목표를 달성할 수 있도록 하는 것을 어려워 한다.

04 대인관계

다른 사람의 생각이나 감정을 잘 이해하며 조화롭게 관계를 유지하고, 갈등이 생겼을 때 이를 원만하게 해결할 수 있는 능력을 말한다. 인간관계에 있어 공감능력, 사교성, 타인 존중, 예의·존중·겸손, 경청의 자세가 중요하다. 군대의 상급자 입장에서는 자신의 실수를 인정하는 자세(부하 이해), 부하와 관련된 사항을 파악하는 관심, 심리 상담능력이 특히 중요하다. 또한 군 생활 의미부여, 부하 복지, 부하 육성의지 차원에서도 대인관계는 중요한 요소이다.

01 일관성 있는 태도

지휘관, 간부가 일관성 없는 행위를 할 때 당신의 부하들은 간부가 어떤 식으로 행동하고 말하는지를 예측해 이에 대비하려고 할 것이다. 상대방이 어떻게 나올지 모르는 불확실성이 커질 때 사람은 불안해지고 스트레스를 받게 된다. 내 하루 기분에 따라 이랬다저랬다 하는 모습을 보이게 된다면 부하들은 내가 감정을 조절하지 못하고, 자기 감정대로 반응하는 사람이라고 생각할 것이다.

어떻게 나올지 예측 불가능한 사람은 매우 피곤하고 피하고 싶은 사람이 되기 마련이다. 특히 군의 간부나 지휘관이 일관성 없는 지휘를 하게 된다면, 부대의 단결 저하와 사고발생의 위험이 있고 전투력 발휘에 지대한 영향을 미치게 된다는 것을 명심해야 한다.

02 타인에 대한 존중과 배려

집단생활에서 무엇보다 중요한 요소는 내가 한 일에 대해 인정받고 존중받는 것이다. 자기 자신이나 본인이 한 일에 대해 존중받을 때 자존감이 올라가고 행복감을 느끼며, 동료나 상사 등에게 존중받고 있다고 느낄 때 집단에서의 생활이 행복해진다. 나를 인정해 주는 사람을 어느 누가 싫어할까? 지휘관이 항상 주변의 동료나 부하들을 존중하고 배려할 때 그 조직은 지금보다 건강해지고 활동이 활발해지며 신뢰감이 형성된다. 또한 역지사지의 마음을 갖고 행동한다면 존경받는 지휘관이 될 것이다.

03 경청의 자세

경청하는 사람은 말하는 사람에게 호감을 끌어낼 수 있다. 말하는 사람은 잘 들어주는 사람을 좋아하기 마련이다. 특히 청자는 말하는 사람 쪽으로 자세를 약간 기울이고 눈 맞춤을 하며 고개를 끄덕이는 등 경청의 자세를 취하는 것이 바람직하다. 누군가 말을 하는데 눈도 마주치지 않고 자세는 뻐딱하게 하고, 상대방의 말을 무시하거나 자신의 주장만 크게 외친다면, 말하는 사람뿐만 아니라 주변에 있는 사람도 불쾌감을 느낄 것이다. 특히 상급자의 경우라면 더욱 그래서는 안 된다. 상대방의 말을 잘 들어주며 깊이 공감하고 적절한 리액션을 취해준다면 부하들이 당신을 좋아하지 않을 수 없을 것이다.

04 확인질문

자신에게 부족한 부분이나 모르는 부분이 있다면 상급자나 주변 동료들에게 적극적으로 물어보는 것이 좋다. 상급자라고 할지라도 경험이 많은 부하들을 통해 실무를 습득하는 것을 부끄럽거나 자존심이 떨어지는 행위로 여기면 안 된다. 성공한 사람들은 주변에 조언을 자주 구한다는 연구결과도 있다.

이런 조언을 구하는 행동을 통해 자신에게 부족한 부분을 채우거나 유익한 정보를 얻을 수 있을 뿐만 아니라 조언을 구한 상대방의 호감을 얻는 일석이조의 효과도 얻을 수 있다. 또한 임무수행에 있어 과오를 줄일 수도 있다. 군을 예로 들면 명령을 잘못 이해하고 작전활동을 한다면 부하들의 생명을 잃을 수 있으며 작전의 실패로 커다란 위기를 맞을 수도 있는 것이다. 따라서 사전에 이해되지 않는 부분을 물어봄으로써 임무수행 시 과오를 최소로 줄일 수 있다.

05 칭찬 활용

'칭찬은 고래도 춤추게 한다'라는 표현이 있다. 다른 사람에게 인정받는 것만큼 행복감을 느끼는 일은 없다. 칭찬하는 습관은 나를 좋아하지 않던 사람도 나를 좋아하게 만드는 효과가 있다. 때로는 칭찬이 진심이 아니라는 것을 알면서도 나를 칭찬한 사람이 좋아질 때도 있으므로 결국 칭찬은 아끼지 않는 게 좋다. 특히 부하들에게 작은 일이라 할지라도 칭찬을 하게 되면, 부하들은 더 큰 성과를 낼 수 있는 힘을 발휘하게 된다. 칭찬하는 데 너무 인색할 필요가 없다.

> 유리는 쉽게 깨지고, 깨지면 못 쓰게 된다. 깨진 조각은 주위를 어지럽혀 사람을 다치게도 한다. 그러나 이러한 유리보다 더 약한 것이 바로 사람의 마음이다. 조그마한 충격에도 유리가 깨져 버리듯이 서운한 말 한마디에 사람의 관계가 무너지기도 한다.
>
> 그리고 상처 입은 마음은 유리 조각처럼 주위의 사람들에게 상처를 줄 수 있다. 이처럼 사람들의 관계가 유리처럼 깨진다면 또 다른 상처를 만들 수 있기에 조심해서 다루지 않으면 안 된다. 절대 깨지지 않는 관계란 없다. 아름다운 관계는 사랑과 이해의 관계에서 만들어지고 부드러운 관계는 미소를 통해서 만들어지며 좋은 관계는 신뢰와 관심 그리고 배려에 의해 유지되는 것이다.
>
> 관계는 절대 저절로 좋아지지 않는다. 뜨거운 관심 속에 좋은 관계를 유지할 수 있도록 서로 노력해야 한다. 주변을 한 번 둘러보자. 혹시나 나로 인해 아파하는 지인이나 벗들이 있다면 마음의 문을 열고 받아들이자. 세상이 밝게 보일 것이다.

기출유형분석

다음 상황을 읽고 제시된 질문에 답하시오.

당신은 부사관이며, A장교와 함께 부대의 인사 관련 업무를 수행하고 있다. 상부의 지시에 따라 이번 주까지 업무계획을 수립하고 보고서를 작성하여 제출해야 한다. 그런데 본 업무를 담당해 처리해야 할 A장교가 다른 업무로 바쁘다며 당신에게 보고서 작성과 관련된 모든 업무를 수행하라고 지시하였다. 업무 특성상 협조 요청을 해야 하는 부서의 담당자들이 장교여서 당신이 협조를 요청해도 일을 건성으로 하거나 일정에 맞춰 자료를 전달해 주지 않아 업무수행에 어려움이 많다.

이 상황에서 당신은 어떻게 하겠는가?

⇨ 선택지를 확인하기 전, 위 상황에서 당신은 어떻게 행동할 것인가?

예상되는 행동 생각해 보기

① A장교에게 업무분장을 정확히 해 줄 것을 요청한다.

② 업무에 협조하지 않는 장교들을 상부에 고발하고 조치를 기다린다.

③ A장교의 선임에게 상의하여 조언을 구한다.

④ A장교에게 자신은 역량이 부족하므로 업무를 수행할 수 없다고 거절한다.

문제해결 TIP

대인관계 상황판단평가 항목

아래 제시된 내용은 ①에 가까운 것이 군에서 가장 요구하는 사항이며, ⑦로 갈수록 요구수준이 떨어지는 행위이다.

①	관계형성에 대한 의지가 있고, 적극적인 자세로 참여한다. 자신을 알리기 위해 매우 노력한다.
②	타인에게 지지를 보내고 공감하며, 팀에 잘 적응하고, 자신과 팀을 동일시한다. 다른 사람의 일을 잘 돕고, 타인의 능력을 인정한다.
③	도움을 받을 수 있는 자신만의 긴밀하고 다양한 인맥을 가지고 있으며, 인맥을 지속적으로 관리하고 확장한다.
④	타인과 쉽게 관계를 맺고 어울리는 것을 좋아한다.
⑤	사람들과 어울리는 것을 좋아하지 않고, 타인의 감정을 고려하지 않은 채 행동한다.
⑥	관계형성에 대한 의지가 없으며, 소극적인 자세를 보인다.
⑦	다른 사람에게 도움 받기를 주저하고, 팀으로부터 떨어져 있기를 좋아한다. 다른 사람의 노력과 공헌을 인정하거나 격려하는 데 어려움을 겪는다.

최근 학습에 있어 행동주의적 관점을 적용하는 이른바 '자기관리'는 학습자들이 본인의 학습을 주도적으로 조절할 수 있어야 한다고 강조한다. 학습자 자신의 행동을 관리하고 자신의 행동을 책임지는 것이 자기관리의 핵심이며, 목표의 설정은 자기관리에 있어서 매우 중요한 동기부여이다.

군에서도 자기관리가 중요하며 자기관리는 자신의 강약점 파악, 자기혁신 및 학습, 감정통제·정서 조절, 자기통제, 인내심, 담당 분야 전문성 추구, 업무 열성도 등의 정도를 통해 알 수 있다. 그러나 자기관리를 위해 동료나 타인, 부하에게 피해를 주어서는 안 된다.

01 잠재역량에 대한 평가

군에서 자기관리에 관한 대표적인 사항은 잠재역량에 대한 평가일 것이다. 잠재역량이라 함은 지금은 드러나지 않지만 여태까지 해온 경험을 바탕으로, 앞으로 군에서 어떻게 능력을 펼칠 수 있을 것인지를 보여줄 수 있는 항목이다. 여기에는 각종 자격증, 어학능력, 군의 발전을 위해 노력한 사항(자신의 보직관리, 각종 전투력 향상 활동 등) 등이 포함되고 이는 진급이나 장기복무에 영향을 미친다.

개인시간을 활용하여 자신의 능력을 개발하고, 이를 통해 군 복무의욕을 고취시켜 조직 활성화에 노력해야 한다. 또한 자신의 부하들에게도 능력신장의 여건을 마련해 주어야 한다. 군에서 운영하고 있는 「나라사랑포털」에는 자기개발에 관한 다양한 자료가 탑재되어 있으니 적극 활용할 것을 권한다.

02 선발에 대한 평가

상급부대 기준과 자신의 군 생활 전반에 대한 노력을 객관적으로 평가하는 것으로 평가의 주체가 자신이 되어서는 안 된다. 간혹 장기복무나 진급자 선발에 있어 자신보다 미흡한데 자신이 선발되지 않고 다른 동료가 선발된 것에 대한 불만을 표하는 간부가 있다. 불만을 표하기에 앞서 자신을 한번 더 돌아보고 미흡한 면이 있는지, 어떤 면을 보완해야 하는지를 생각해야 한다. 자신이 판단하기 어려우면 상급자를 찾아가 도움을 요청하는 것이 가장 현명한 방법이다. 상급자에게 왜 자신이 선발되지 않았는지 따지는 항의성 발언은 가장 좋지 않은 방법이다.

다음 상황을 읽고 제시된 질문에 답하시오.

당신은 중위(사)로 근무 중 장기복무를 지원하였다. 그러나 최근 장기선발 심사에서 입대동기인 같은 부대의 A중위(사)는 선발되고 당신은 누락되었다. 당신 생각으로는 A중위(사)보다 모든 부분에서 당신의 능력이 더 뛰어나고 친화력도 우수하다고 생각하고 있다.

이 상황에서 당신은 어떻게 하겠는가?

⇨ 선택지를 확인하기 전, 위 상황에서 당신은 어떻게 행동할 것인가?

예상되는 행동 생각해 보기

① 진급 선발에 대한 문제점을 제기한다.

② 상급자에게 진급이 안된 이유에 대하여 물어보고 항의한다.

③ 내년도 진급을 위해 노력하고자 다짐한다.

④ 상급자에게 보직변경 또는 전출을 보내달라고 요구한다.

⑤ 상급자와 상의하여 보완할 점 등 의견을 듣고, 미흡한 점을 보완하기 위해 노력한다.

문제해결 TIP

자기관리 상황판단평가 항목

아래 제시된 내용은 ①에 가까운 것이 군에서 가장 요구하는 사항이며, ⑦로 갈수록 요구수준이 떨어지는 행위이다.

①	열의를 가지고 남들보다 항상 더 노력하고자 하는 자세로 진지하게 일을 수행한다.
②	일을 구체적 · 단계적 · 계획적 · 체계적으로 처리한다.
③	결과에 영향을 미치는 요소를 철저하게 검토하고 준비한다.
④	맡은 일에 대해서 다른 사람에게 뒤처지지 않을 만큼 적당한 수준에서 노력한다.
⑤	실행을 위한 대략적 방향만을 설정하여 일을 진행한다.
⑥	구체적인 실행계획 없이 무성의하게 일을 진행한다.
⑦	부정적 감정, 과거 실패나 실수에 연연하여 스트레스 상황에서 쉽게 포기하는 행위나 책임을 주변에 전가하는 행위를 한다.

06 군 가치

군 간부가 되고자 하는 인원의 기본자질을 판단하는 내용으로 여기에는 사명감, 충성, 상급자 지지, 솔선수범
등이 포함된다.

01 사명감

주어진 임무를 잘 수행하려는 마음가짐이다. 군에서는 직책별 권한과 책임이 있다. 이를 토대로 행위를 해야
하며 군의 명예를 실추시키는 행위는 절대로 하지 말아야 한다. 또한 자신에게 주어진 권한과 책임을 포기하는
행위도 해서는 안 된다.

02 충성

국가와 군에 대해 진심에서 우러나오는 정성을 말한다. 이는 군인으로서 갖추어야 할 기본자격이라 할 만큼 중
요하다. 자신의 행위가 군과 국가에 반하는 행위여서는 안 된다.

03 상급자 지지

군대는 계급과 직책에 따라 임무를 수행한다. 따라서 상급자의 정당한 지시사항에 대해서 따를 의무가 있지만,
사적이거나 군과 국가에 피해를 주는 사항에 대해서는 그렇지 않다. 상급자의 지시에 문제가 있거나 이로 인해
다수 또는 부대에 피해 우려가 있다면 적극적으로 의견을 개진할 필요가 있다. 하지만 의견을 표하는 방법에
있어 반발하거나 자신과 의견이 맞지 않다고 동료, 하급자들을 선동하는 등의 행위는 하지 말아야 한다.

04 솔선수범

남보다 앞장서서 지킴으로서 모범을 세운다는 뜻이다. 초급간부는 병사들과 생활하는 최말단 조직(소대, 분대,
반)에서 임무를 수행한다. 따라서 하나하나의 행위가 조직적으로 움직이지 않으면 임무를 완수하기 어렵다. 특
히 어려운 임무에 대해서는 그 누구도 나서기를 꺼린다. 이러한 상황에서 지휘관이 선두에 서서 이끌어나가야
한다. 따라서 가장 어렵고 힘든 일의 선두에 서서 행동하고 이끌 때 부하들은 지휘관에 대해 신뢰를 갖고 따르게
된다.

> 상탁하부정(上濁下不淨): 위가 흐리면 아래도 맑지 않다는 뜻으로, 훌륭한 모범이 있어야 뒤따라 선행이 이루어진다.

다음 상황을 읽고 제시된 질문에 답하시오.

> 당신은 A함대 소속 부사관으로 이번에 B함대로 옮기게 되었다. B함대에는 다음 주 월요일부터 출근하면 되는데, A함대에서 그동안 휴가도 제대로 못 다녀오고 고생했다며 쉬고 가라고 배려해 주어서 이번 주 수요일까지만 출근하게 되었다. 이 덕분에 목요일부터 일요일까지 쉴 수 있게 되었는데 알고 보니 지금 B함대에서는 사람이 부족해서 하루 빨리 당신이 왔으면 하는 상황이라고 한다.
> 이 상황에서 당신은 어떻게 하겠는가?
>
> ⇨ 선택지를 확인하기 전, 위 상황에서 당신은 어떻게 행동할 것인가?

예상되는 행동 생각해 보기

① B함대의 일손이 부족하므로 우선 출근하여 B함대의 일을 돕고, B함대의 선임자 및 동료들과 미리 인사한다.

② 그동안 고생했으니 B함대에 출근하기로 예정된 다음 주까지 최대한 푹 쉰다.

③ B함대에 우선 출근하고, 급한 일이 마무리되면 추후에 휴가를 신청한다.

④ 목요일 하루는 쉬고, 금요일에는 B함대로 출근하여 일을 돕는다.

문제해결 TIP

군 가치 상황판단평가 항목

아래 제시된 내용은 ①에 가까운 것이 군에서 가장 요구하는 사항이며, ⑦로 갈수록 요구수준이 떨어지는 행위이다.

①	일을 수행하는 데 있어 공과 사를 명확히 구별하고 문제발생 시 자신에게 책임이 있음을 강조한다.
②	부대구성원들 의견을 중요시한다.
③	상급자 지시사항을 수명하면서 부대에 피해를 줄 수 있는 행위에 대해서는 의견을 제시한다.
④	부대에 피해가 미비하다면 그대로 수용한다.
⑤	부대 임무를 우선시하며 나타나는 개인의 피해를 감수한다.
⑥	임무수행에 있어 지시만 하고 결과에 따른 책임을 요구한다.
⑦	상급자로서 권위를 내세우면서 무조건 따르라고 요구한다.

CHAPTER 04 부대관리

01 부대관리의 개념

부대의 임무 또는 과업을 경제적이고 효율적으로 완수하기 위하여 제반 인원, 장비, 물자, 시설, 예산, 시간 등 가용자원을 활용하는 활동이다. 이는 효율적인 병원관리, 군수관리, 교육훈련, 안전관리 등을 통해 부대 전투력을 보존하고 부대안정을 유지하며, 각종 사고를 예방하여 적과 싸워 이길 수 있는 전투준비태세를 확립하기 위한 목적이다.

부대관리를 소홀히 하여 재산이 손실되는 사고가 발생한다면, 사후조치에 투입되는 시간과 노력이 낭비되고 사기의 저하로 인해 전투임무 위주의 부대운영은 제한될 수밖에 없다. 따라서 지휘관은 업무에 전념할 수 있도록 부대를 안정적으로 관리해야 한다.

[부대관리 개념]

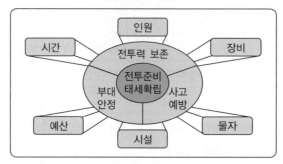

※ 출처: 육군 교육사령부, 부대관리 노하우

02 　부대관리의 중요성

01 　전투준비태세 확립의 근간

'부대를 잘 관리한다'는 것은 전투력을 보존하고 사고를 예방하며 안정적인 부대운영을 통해 전투준비태세 확립에 기여하는 것이다. 흔히 '훈련과 전투준비를 잘하는 부대는 사고가 많을 수밖에 없다', '안전을 강조하다 보니 임무수행이 어렵다', '부대관리나 사고예방에 대해 강조하는 지휘관은 소심한 지휘관이다' 등의 잘못된 생각을 하는 경우가 있다.

그러나 부대관리가 미흡하여 사고가 발생하면 전투력의 손실뿐만 아니라 국민들로부터는 지탄을 받고 또한 사고 수습을 위한 노력으로 전투준비 및 교육훈련 등 부대임무 수행에 많은 지장을 초래하므로 부대관리의 중요성은 아무리 강조해도 지나치지 않다. 따라서 부대관리를 기본임무 외 부가적인 과업으로 생각해서는 안 되며, 부대를 안정되게 관리하는 것이야말로 지휘관의 기본임무로서 전투준비태세 확립의 근간임을 명확히 인식해야 한다.

02 　부대안정 유지의 핵심

부대관리를 잘하여 안정된 부대를 유지해야 효율적으로 부대를 운영할 수 있는 여건이 마련된다. 정비가 안 된 자동차를 안심하고 운행할 수 없듯이, 안정되지 않은 부대는 제대로 운영될 수 없다. 부대 내에서 사고가 발생하면 전투준비 및 교육훈련에 지장을 초래할 뿐만 아니라, 이를 수습하는 데 짧게는 며칠부터 길게는 수 개월이 소요되어 정상적인 부대운영 자체가 어려워진다.

따라서 부여된 임무를 성공적으로 완수하고 정상적인 부대운영을 보장하기 위해서는 체계적인 부대관리를 통해 반드시 부대안정을 유지해야 한다.

03 　사고예방과 대군 신뢰 증진의 기본

우리 군을 둘러싸고 있는 환경은 급격히 변화하고 있다. IT기술의 발달로 정보화가 크게 진전되었고, 전체의 이익보다는 개인의 기본권 보장이 더 중요한 요소가 되고 있으며, 국민들은 군에 대한 알권리를 주장하고 있어 병영 내에서 일어나는 모든 것이 투명하게 공개되고 있다.

평시 가장 소중한 가치는 인간의 생명이다. 최근 사회적 현상인 낮은 출산률, 결손가정의 증가, 자살률 증가, 인명사고 발생으로 한 가정이 파괴되고, 집안의 대가 끊어지는 등의 심각한 결과가 이어지고 있다. 따라서 군 간부들은 변화된 지휘환경을 올바르게 인식하고, 보다 창의적 · 체계적인 부대관리 방안을 지속적으로 개발하고 적용함으로써 각종 사고를 예방하여 대군에 대한 신뢰를 증진시켜야 한다.

03 부대관리의 핵심요소

부대관리의 핵심요소는 인원, 총기 및 탄약관리, 차량안전관리, 화재예방 등 사고예방 활동이다. 따라서 대대급 이하 제대에서 부대관리 주체는 지휘관 및 참모뿐만 아니라 병사들과 늘 함께하는 초급간부이다. 또한 부대관리 기법은 존중과 배려, 인간중심의 리더십, 솔선수범, 부하와 동고동락, 원활한 의사소통, 현장지휘, 규정 및 방침 준수 등이다. 부대관리의 기본이 되어 반드시 준수해야 할 사항을 다음과 같이 제시하였다.

01 기본과 기초에 충실한 부대관리

병영 내에서 일어나는 사고는 의외로 '작은 것', '사소한 것', '당연한 것'에 대한 소홀함에서 비롯되어 대형사고로 이어지기도 한다. 우리 주변에 만연한 무사안일주의를 배척하고, 주인의식과 책임감을 바탕으로 각종 규정 및 방침을 비롯하여 기본적이고 기초적인 것을 철저하게 준수하는 가운데 부여된 과업에 충실해야만 사고를 예방함은 물론 국민으로부터 신뢰와 사랑을 받을 수 있는 것이다.

02 실사구시(實事求是) 정신에 입각한 부대지휘

부대관리 측면에서 실사구시의 구현은 철저한 현장중심, 실천중심, 행동중심 활동을 의미한다. 즉, 가시적인 실적과 행정 위주에서 탈피하여 능률과 실질 위주로 행동하고 실천함으로써 사고를 예방하고 부대안정을 도모할 수 있다.

아무리 완벽한 제도와 규정, 지침서를 만들어 놓아도 이를 시행하는 제대에서 실천하지 않으면 무용지물에 불과하다. 특히 대대급 이하 제대에서는 '현장에서 눈으로 보고, 손으로 만지고, 발로 밟으면서 실천'함으로써 성공적인 부대관리를 달성할 수 있다.

03 인간중심의 리더십 발휘

동서고금의 전사를 살펴볼 때 화합·단결되지 않은 부대가 전투에서 승리한 예를 찾아보기 어려우며 오늘날의 시대적 상황은 존중과 배려를 통한 '인간중심의 리더십'을 더욱 요구하고 있다. 또한, 부대지휘 및 관리의 근본은 간부의 솔선수범, 상하 간의 진실한 의사소통, 부하의 자발적 참여 유도이다. 그러므로 군 간부들은 부하를 진정으로 사랑하고, 군 생활의 동반자 및 전우로 인식하여 원활한 의사소통 보장, 기본권 존중 등을 통해 화합되고 단결된 부대 분위기를 조성하도록 노력해야 한다.

04 주기적인 부대진단과 과감한 조치

지휘관으로서 가장 위험한 것은 타성에 젖어 '어제도 이상 없었으니 오늘도 이상 없겠지, 사고가 안 나겠지'라고 생각하는 것이다. 즉, 사고에 대한 의식은 부대가 이상 없거나 사고가 나지 않겠지가 아니라 이상 있거나 사고가 날 수도 있다는 생각에서부터 시작된다. 지휘관은 부단히 반복하여 '부대에 무슨 문제가 있는가?'를 확인하고, 그 결과에 대해 과감한 지휘조치를 통해 근본적인 해결책을 강구해야 한다. 따라서 지휘관은 입체적이고 과학적인 부대진단 방법을 강구하고, 주기적인 부대진단을 통해 현재 자기부대가 안고 있는 문제점을 정확하게 식별하고 조치하는 노력을 게을리 해서는 안 된다.

문제해결 TIP

병영 내 주요사고가 발생하는 원인 · 대책
- 원인
  - 소극적이고 내성적인 성격자에 대한 신상파악 미흡
  - 선임병들의 질책, 폭언, 욕설 등 병영악습 잔존
  - 각종, 규정 미준수(경계, 작전, 교육 등)
- 대책
  - 신상파악 및 병원관리는 부대관리의 핵심이므로 주기적인 집중진단 실시
  - 도움이 필요한 병사는 조기에 선정 · 관리하고 문제점이 해결될 때까지 추적관리
  - 병영부조리를 찾아서 척결하여 기본권 침해 방지
  - 의사소통 활성화
  - 주기적으로 군법교육 실시

☑ 문제가 있는 병사라고 징계 또는 보직변경, 타 부대 전출 등의 조치를 취할 경우 부대적응이 더욱 힘들어지거나 전출 시 타 부대 병사들에게 왕따를 당하는 등 부대적응이 더욱 힘들어지는 문제가 발생할 수 있다(사고발생 우려).

신병 병력관리 요령
- 적응하지 못하는 이등병을 도와줄 수 있는 가장 효과적인 방법은 상담을 통한 문제해결이다.
- 선임이나 분대장을 따로 불러 교육하는 것은 바람직하지 않다. 자신으로 인해 선임병이나 분대장이 질책을 받으면 신병에게는 더욱 부담이 되기 때문이다.
- 소대원을 전부 모아놓고 갈등이나 문제를 토론하는 것도 바람직하지 않다. 이등병 입장에서 부담이 가중될 수 있다. 당사자의 입장에서 생각하는 것이 바람직하다.
- 문제가 발생되면 문제를 덮거나 조용히 넘어가려는 태도는 좋지 않다. 문제를 인지했다면, 최소한의 대응행동을 보여 줌으로써 사고를 사전에 예방할 수 있다.
- 책임 회피성 행위는 피해야 한다. 예 문제가 발생했으니 다른 부대로 전출시키기

분대장의 주요 책임 · 권한
- 책임
  - 분대대표, 상향식 일일결산, 애로사항 파악 · 보고 · 조치
  - 전입신병 신상파악 및 보호자 역할
  - 보호관심병사 면담 및 관찰

- 출타자 군기교육
  - 병영부조리 색출·조치
  - 교육훈련지도
  - 보급품 및 장비 관리
- 권한
  - 휴가·외출·외박·상벌점 건의
  - 분대원 포상 추천·심의 참여
  - 징계회부 건의
  - 진급, 모범병사 추천·건의
  - 신상파악을 위한 면담결과 건의
  - 내무생활 및 교육훈련 평가

☑ 분대장(병사)은 병사와 24시간 함께 행동하므로 분대 내 사정을 가장 잘 알고 있다.

부대관리 문제해결
- 분대장 권익신장을 위한 조치를 취하라
  - 분대장 임명식을 부대원 집합하에 실시한다(임명장, 견장, 분대장수첩 수여).
  - 분대건제를 유지하고 분대장 지휘하에 시행한다.
  - '분대장' 직책을 호칭하고, 분대원이 보는 앞에서 질책을 금지한다.
  - 분대장이 갖고 있는 노하우를 인정하고, 의견을 수렴하여 부대지휘에 반영한다.
- 분대장에게 명확한 책임과 임무를 부여하고 애로사항을 조치하라
  - 부여된 책임을 완수할 수 있도록 가용시간, 장소, 수단, 건제유지 등 여건을 보장하고, 지침을 명확하게 하달한다.
  - 임무숙지상태 및 제한사항이 무엇인지 확인하고 조치한다.
  - 부여된 임무수행 결과가 미흡할 경우 애로사항이 무엇인지 확인하고, 복종심이 없거나 고의적일 경우 징계조치 등 책임을 묻는다.
- 분대장에게 부여된 권한행사를 보장하라
  - 건의사항을 적극 수용하고, '되는 것'과 '안 되는 것'을 알려 준다.
  - 분대원의 포상 추천, 상벌점 건의를 반영하고 심의 시 참석시킨다.
  - 일과시간 및 일과 후 시간 중 활동 여건(신상파악을 위한 면담, 단결활동 등)을 보장한다.
- 분대장 사기증진을 위해 노력하라
  - 모범분대장을 선발하여 포상한다.
  - 단결활동 기회를 부여한다.

☑ 분대장은 사고예방 및 병력관리의 최일선 지휘관이다. 문제가 있다고 해서 일방적으로 분대장을 문책하거나 질책하는 행위를 금지해야 한다.

다음 상황을 읽고 제시된 질문에 답하시오.

> 당신이 소대장으로 있는 소대에 A일병은 병사들과 간부들 사이에서 고문관이란 별명이 있을 정도로 본인이
> 맡은 일에 대해 이해력이 부족하고 행동이 느리다. 평가훈련 중 A일병이 속한 분대가 A일병으로 인해 꼴찌를
> 하게 되었다. 그러자 해당 분대장이 찾아와 A일병 때문에 매번 훈련성과가 안 나고 분대 사기도 저하된다며
> A일병을 다른 부대로 전출시켜달라고 요구하였다.
> 이 상황에서 당신은 어떻게 하겠는가?
>
> ⇨ 선택지를 확인하기 전, 위 상황에서 당신은 어떻게 행동할 것인가?

예상되는 행동 생각해 보기

① 분대장의 건의대로 다른 부대로 전출을 보낸다.
② 잘 통제하지 못한 분대장을 질책한다.
③ A일병은 원래 그렇기 때문에 이해하라고 교육한다.
④ 분대장에게 A일병의 문제점을 이해시키고 분대원들이 서로 협조하여 잘 적응할 수 있도록 쉬운 것부터
　 하나하나 적응시키도록 당부한다.

04 병영 내 기본권의 제한

군은 단체성과 규율성이라는 특수성으로 인해 일부 기본권이 제한되고, 상관은 부하에게 적법한 명령과 지시가
가능한 권한이 생긴다. 군에서 제한하는 기본권으로는 군 기밀과 관련된 알권리 및 표현의 자유 제한, 해외여행
제한, 군무 외의 집단행위 제한, 근로3권 제한, 거주이전의 자유 제한과 엄격한 정치적 중립 유지 등이 있다.
기본권을 제한하는 경우에도 법률 또는 그 법률의 위임을 받은 규정에 의해서만 가능하고, 규정이 정한 범위를
넘어설 수는 없다. 단, 군의 임무수행과 기강 확립을 위해 개인의 기본권을 일부 제한할 수 있으나 기본권을
침해하는 위법행위와 혼동해서는 안 된다.

문제해결 TIP

기본권(인권)의 개념
• 인권이란, 인간으로서의 존엄과 가치 및 자유와 권리이다.
 – 인간이면 누구나 누릴 수 있는 당연한 권리
 – 사람이기 때문에 당연히 가지는 권리
• 기본권이란, 헌법에 의해 보장되는 국민의 기본적 권리로, 인권과 동일하다.
 모든 국민은 인간으로서의 존엄과 가치를 가지며, 행복을 추구할 권리를 가진다. 국가는 개인이 가지는 불가침의
 기본적인 인권을 확인하고 이를 보장할 의무를 진다(헌법 제10조).

기본권 침해행위 유형

- 군기 확립, 교육목적의 폭행, 가혹행위
- 위법한 징계처리
  - 징계위원회 미개최하 징계
  - 징계혐의자 미출석하 징계
  - 부당한 징계 양정기준 적용
- 정신교육이나 하급자의 잘못을 고친다는 명목의 가혹행위
- 욕설, 인격모독, 성추행, 성희롱
- 규정에 위배된 얼차려
  - 상식범위를 벗어난 육체적·정신적 고통을 주는 얼차려
  - 개인의 위반행위 자수를 목적으로 한 단체 얼차려
- 기타 기본권 침해행위
  - 학력, 지역 등 차별대우
  - 개인통신 및 서신검열행위
  - 종교활동 여건 미보장

05 병영시설관리

병영시설은 각종 편의시설을 포함한 생활관 등으로, 사용자의 부주의나 관리부실 시 병영생활에 불편을 초래함은 물론 많은 예산낭비를 가져온다. 따라서 사용요령을 준수하고 시설관리규정에 의해 관리 및 유지해야 하며, 적시적인 점검과 보수를 실시하여 쾌적한 병영생활 환경을 유지해야 한다.

병영시설관리와 관련된 사례를 통해 병영시설관리에 대해 자세히 알아보도록 하자.

01 사례분석

(1) 잘못된 사례

○○부대는 신축한 지 얼마 되지 않은 건물에 보수소요가 발생하여 원인을 확인한 결과, 시설 사용요령을 준수하지 않았으며 주기적인 점검 및 보수를 실시하지 않은 점이 확인되었다.

(2) 올바른 사례

△△부대는 평소 부대관리 시 시설물 관리 전담간부를 임명하고, 주기적인 점검 및 안전조치와 시설 사용 요령 교육 및 준수로 보수소요를 최소화하였다. 이 덕분에 예산절약은 물론 쾌적한 병영생활 환경을 유지하고 있다.

02 | 원인분석

(1) 시설물 관리에 대한 지휘관심 부족

(2) 시설물 관리 및 사용요령 미숙지

(3) 주기적인 점검 및 보수 미흡

03 | 해결방법

(1) 시설물 관리 및 사용요령을 준수하여 보수소요를 최소화하라

① 시설물에는 관리번호를 부여하고, 보수결과는 건물 및 편의시설 이력카드, 부대일지에 기록하여 유지한다.
② 시설물 보수는 공병 등 전문가에게 의뢰하되 자체 보수 시에는 보수요령을 준수한다.
③ 전기시설 보수는 공병 등 전문가에게 의뢰하고 분기 1회 이상 안전점검을 실시한다.
④ 실내 천장이나 벽면에 습기가 발생할 때에는 천장텍스를 뜯어내어 환기를 실시하고 누전점검 및 냄새를 제거한다.
⑤ 동계에는 수도파이프가 동파되지 않도록 보온재를 이용하여 보온한다.
⑥ 가스배관의 이상유무 점검은 가스배관의 중간밸브를 잠근 후 확인한다.
⑦ 옥상 방수층에 통신안테나, 빨래건조대, 못 등의 설치를 제한하여 방수층 보호 및 누수방지를 한다.
⑧ 세면기에 발을 올려놓고 닦지 않도록 지도한다.
⑨ 상수도 요금이 평균 요금보다 증가했을 때에는 누수여부를 확인한다.

(2) 부대시설 현황을 숙지하고 안전위해요소를 제거하라

① 시설물 관리 전담간부를 임명하여 월 1회 이상 전 시설을 점검하고 보수 우선순위에 의하여 보수한다.
② 지하에 매설된 시설물은 공병부대, 통신대대에 협조하여 현황을 파악·유지한다(통신케이블, 상하수관, 가스관로, 전기 지중케이블 등).
③ 지하통로에 물이 고였을 시에는 배수펌프를 작동한다.
④ 보일러실의 배수펌프는 수시로 확인한다.
⑤ 건물 주변의 배수장애물을 제거하고 계단, 난간 등의 손잡이가 흔들리고 이완된 곳은 사고의 위험이 있으므로 고정시킨다.

시설관리의 기본은 주기적인 점검과 보수이다.

---

06   장비관리

사용자 정비는 장비를 운전하거나 사용하는 자에 의해서 실시되는 정비이며, 장비사용 전·중·후에 실시함으로써 결함을 조기에 발견할 수 있는 가장 기본적인 정비활동이다. 따라서 사용자 정비는 장비수명 연장을 위해 반드시 실시해야 한다.
장비관리와 관련된 사례를 통해 병영시설관리에 대해 자세히 알아보도록 하자.

01   사례분석

(1) 부대에서 재물조사 시 방독면, 화학장비 부수기재, 통신장비, 개인화기 등의 기능발휘 여부를 확인한 결과 정비미흡으로 비정상 마모되어 기능발휘 제한품목이 다수 발견되었다.

(2) 사단 사격장에서 사격훈련 중 탄약이 장전 불능되어 재차 장전하여 사격하였더니 총열파손 피해가 발생하였다. 총열 내부의 이물질을 제거하지 않아 발생한 일로 파악되었다.

02   원인분석

(1) 장비 사용법 및 손질요령 교육 미흡

(2) 예방정비 주기 미준수 등 정비여건 보장 미흡

(3) 부족분 청구, 손망실 처리 등 후속조치 미흡

03   해결방안

(1) **장비의 사용방법 및 손질요령을 교육하라**
　　① 주특기시간을 활용하여 장비 사용방법과 손질 요령을 교육하고 숙달시킨다.
　　② 사용방법 및 손질요령은 간부 및 분대장이 교육한다.

(2) **정비시간을 준수하고, 여건을 보장하라**
　　① 정비는 후임병이 전담하지 않게 전원이 동참하도록 통제한다.
　　② 예방정비계획에 의거 반드시 정비를 실시하고 결과를 확인한다.
　　③ 장비 사용 전후에 정비 및 손질할 수 있는 시간을 부여한다.
　　④ 정비 및 손질에 필요한 수리부속, 손질도구는 충분하게 확보한다.
　　　　예 개인화기: 꼬질대, 수입솔포, 손질유 등

(3) 정비실태를 확인하고 후속조치를 하라

① 일품검사, 장비 기능검사(훈련 전)를 실시한다.
② 동일사례 결함사항은 원인을 파악하여 교육한다.
③ 사용하지 않는 장비는 반드시 손질 후 보관한다.
④ 훼손, 마모된 장비는 손망실 처리 및 재산정리를 실시한다.

> 철저한 손질, 정비 최상의 가동상태 유지

07 대민지원활동 지침사항

01 대민지원은 민폐가 발생하지 않도록 하라

02 대민지원에 앞서 교육을 철저히 하고 준비하라

(1) 대민지원 시 발생할 수 있는 민폐유형 등을 사전 교육한다.

(2) 출발 전에 효율적인 조 편성을 실시하고 정신교육을 통해 국민을 돕는 신성한 지원활동임을 주지시킨다.

(3) 작업소요를 파악하고 필요한 작업도구 등을 사전에 준비한다.

(4) 대민지원 후 민간인의 불평을 사지 않도록 작업요령이나 주의사항 등을 사전에 교육한다.

03 민간인의 불평요소를 근절하도록 통제하라

(1) 대가를 전제로 한 병력지원을 지휘관이 한 번 허락하면 보고된 인원보다 2~3배의 병력이 지원됨을 명심한다.

(2) 식사 및 식수 등의 추진은 부대에서 직접 실시하여 주민들이 부담하는 것을 금지한다.

(3) 음주 및 노무자 같은 행동을 하지 않도록 철저히 통제한다.

(4) 예정된 지원 약속은 반드시 지키고 불가피하게 지원이 안 될 경우는 반드시 전화나 방문을 통해 이해시킨다.

(5) 일을 시작했으면 마무리까지 철저히 한다.

04 지휘관은 반드시 현장지도를 실시하라

(1) 불시 현장을 방문하여 정확한 상황을 판단하고 조치한다.

(2) 문제를 발견했을 시에는 신중하게 조치한다. 이때 마음에 들지 않는다고 철수하거나, 예하 부하에게 불신감을 준다면 오히려 역효과가 발생한다.

05 투입 시 안전에 최우선을 두고 실시하라

(1) 사전에 투입지역에 대한 정보를 충분히 확인 후 투입하여 안전사고를 예방한다.

(2) 부득이 투입을 할 때(위급 시)에 안전조치를 강구한 후 투입한다.

06 지휘관 또는 담당 책임자는 현장에 위치하여 통제하라

(1) 현장에서 판단하고 조치할 수 있는 대책을 강구한 후 투입한다(신속성).

(2) 가장 위험한 지역에 위치하여 통제한다.

(3) 현장지휘관을 임명하고 운용한다.

07 민간인 재난지역 복구를 위한 투입 시에는 대민지원 지원절차에 따르라

> **기출유형분석**
>
> **다음 상황을 읽고 제시된 질문에 답하시오.**
>
> > 당신은 소대장으로 근무하고 있으며 여름철 장마로 인해 부대 주변 마을이 피해를 입어 소대원들을 데리고 수해복구를 다녀오라는 지시를 받았다. 소대원들과 일을 마치고 부대로 복귀하려는데 마을주민이 고맙다며 막걸리와 식사를 준비하였다. 그러나 수해복구 출발 전 상급부대에서 절대로 마을주민이 제공하는 술이나 음식을 받지 말라는 지시가 있었다. 그냥 부대로 복귀하기에는 마을주민의 성의를 무시하는 것 같은 상황이다. 이 상황에서 당신은 어떻게 하겠는가?
> >
> > ⇨ 선택지를 확인하기 전, 위 상황에서 당신은 어떻게 행동할 것인가?
>
> 예상되는 행동 생각해 보기
> ① 주민의 성의를 무시할 수 없기 때문에 감사히 먹겠다고 한다.
> ② 중대장에게 보고하고 주민들과 함께 식사한다.
> ③ 주민들의 호의에 감사를 표현하고 잘 설명한 후, 먹지 않고 부대로 복귀한다.
> ④ 식사만 하고 술은 마시지 않고 복귀한다.

지휘통솔

부하들을 지휘하여 부여된 임무를 완수하려면 그들의 적극적인 참여와 협력이 반드시 필요하다. 이는 권한의 행사만으로 이루어지는 것이 아니라 지휘관에 대한 깊은 존경과 인간적인 신뢰를 바탕으로 할 때만 가능하다. 따라서 간부는 부단한 인격도야로 인품을 쌓고 정직하고 청렴하며 공정한 도덕성을 견지해야 한다.

01 도덕성을 견지하라

01 공(公)과 사(私)를 분명히 구분하라

개인적인 욕심이나 사사로운 정에 이끌려 처리해서는 안 된다. 공과 사를 명확히 구분해서 일을 처리해야 부하들로부터 존경과 신뢰를 받을 수 있다.

학연, 지연, 혈연 등 사사로운 정이나 금전에 유혹되어서는 안 된다. 또한 부하들을 편애하지 말고 규정과 방침을 준수하고 상식 범위 내에서 공정하게 상벌이나 업무를 처리해야 한다. 특히, 상급자의 자녀 또는 친인척에 대하여 보직, 포상, 진료 등 부대를 운영하면서 특혜를 주거나 베푸는 행위는 절대 해서는 안 된다.

02 사리사욕을 버려라

부패는 부대의 단결을 저해시키고 사기를 떨어뜨려 전투력을 약화시키는 근원이다. 사적인 욕심을 버리고 청결하게 부대를 지휘할 때 부하들은 진심으로 상관을 따르게 되고 존경하게 된다.

금전문제는 명확하고 깨끗하게 처리해야 한다. 공금은 목적에 부합되도록 투명하게 사용하고, 사용내역을 반드시 기록해야 한다. 부하들이 개인적으로 구매한 물품은 빌려 쓰지 마라. 자신에게 필요한 물품은 직접 구매해서 사용하고, 아무리 하찮은 것이라도 부하들이 개인적으로 구매한 물품을 빌렸을 때는 반드시 돌려주며 감사의 표시를 해야 한다. 가정형편이 어려운 사람, 생일축하, 힘들고 어려울 때 사기진작 등 부하들을 위해서 필요할 때 능력범위 내에서 기분 좋게 베풀어라.

03 도덕적 용기를 가져라

도덕적 용기는 불의와 부정에 타협하지 않으며, 옳지 않은 유혹을 과감히 물리칠 수 있는 용기를 말한다. 또한 옳은 것은 위험과 책임을 무릅쓰고 실천하는 용기이다. 아첨하면서 맹종하지 않고 비록 상급자의 귀에 거슬리더라도 솔직하게 진실을 말할 줄 아는 도덕적 용기야말로 참된 지휘관의 자세이다.

04 사생활을 올바르고 건전하게 유지하라

장교·부사관은 사생활 면에서 윤리적 기준에 따라 판단하고 행동하며, 도박, 과도한 유흥이나 부채를 근절하고 이성관계를 올바르게 유지해야 한다.

문제해결 TIP

부하에게 신뢰받지 못하는 상관
- 사리사욕에 눈먼 사람
- 언행일치가 되지 않는 사람
- 예측력, 통찰력이 결여된 사람
- 의지가 약하고 변덕이 심한 사람
- 어려운 일을 회피하는 사람
- 책임을 회피하는 사람
- 부하의 고통을 이해하지 못하고 동정심이 없는 사람
- 상벌, 인사관계가 불공평한 사람
- 부하의 실상을 모르는 사람
- 실패를 자주하는 사람
- 지시사항이 간명치 못한 사람
- 가족통제를 못하는 사람

기출유형분석

다음 상황을 읽고 제시된 질문에 답하시오.

소대장으로 부임한 지 얼마 되지 않은 당신은 부대업무가 낯설고 어렵지만 교범과 규정대로 임무를 수행하려고 노력하고 있다. 당신 밑에 있는 7년 차의 중사는 부대 내 모든 훈련업무를 능숙하게 해내는 베테랑으로 인정받는 사람이다. 그런데 중사가 작성한 부대훈련에 관한 실습계획표를 검토하던 중 이상한 점을 발견했다. 실습계획표의 내용의 절반가량이 교범내용과 맞지 않는 것이다. 당신은 중사에게 이를 지적하며 보고서를 다시 작성하라고 지시하였으나 중사는 해당 내용이 부대의 여건에 따른 것이므로 수정이 필요하지 않다고 한다.
이 상황에서 당신은 어떻게 하겠는가?

⇨ 선택지를 확인하기 전, 위 상황에서 당신은 어떻게 행동할 것인가?

예상되는 행동 생각해 보기
① 교범이 우선시 되어야 함을 주지시키고, 다시 한번 수정을 지시한다.
② 결국 책임은 내가 져야 하므로 혼자서 보고서를 다시 작성한다.
③ 융통성을 발휘하여 부대의 관례에 따른다.
④ 중대장에게 현 상황에 대해 보고하고 조언을 구한다.
⑤ 내가 도울테니 교범에 따라 보고서를 함께 다시 작성하자고 설득한다.

부하들은 모든 업무에 정통한 간부를 진심으로 따르고 존경한다. 업무에 정통하지 못하면 부대지휘에 자신감이 없고, 부하들을 제대로 이끌어 갈 수 없다. 따라서 간부들은 계급과 직책에 맞는 전문지식과 기술을 배양하는 데 부단히 노력해야 한다.

01 업무를 수행하기 위해 알아야 할 사항

(1) 자신의 임무 및 수행과업

직책에 따른 임무와 간부로서 공통적으로 수행해야 할 업무 그리고 부가된 업무가 무엇인지를 파악해야 한다.

(2) 부대현황 및 업무수행의 여건

소속 부대의 일반적인 현황과 특성 및 강약점을 숙지하고 업무수행 여건을 파악해야 한다.

(3) 업무수행에 필요한 전문지식

전문지식은 교범, 규정 및 방침, 참고자료 등을 통해서 스스로 익히고, 필요 시 상급자 및 유경험자의 조언을 받는다. 업무수행능력은 행동으로 실천할 수 있는 능력으로 자신이 직접 해야 하는 실기능력과 부하들을 지휘, 지도하는 능력을 갖추어야 한다.

02 자신의 임무와 수행해야 할 업무를 먼저 숙지

전투세부시행규칙, 부대내규, 상급자의 조언 등을 참고하여 자신의 임무와 업무를 우선적으로 파악한다.

03 업무수행에 필요한 전문지식

평소 업무와 관련이 있는 교범, 실무지침서, 육군규정, 공문서, 참고자료철 등을 탐독하여 군사지식을 함양한다. 육성지휘가 필요한 점호행사, 도수체조, 제식훈련, 병력인솔, 명령하달 등은 사전에 과제내용을 완전히 숙지하고 예행연습을 실시하여 전문적으로 행한다. 잘 모른다면 잘하는 사람에게 배워야 한다. 부대관리, 작업 등에 있어 모르는 것이 있다면 창피하게 생각하지 말고 부하들에게도 묻고 배우는 자세가 중요하다. 또한 시범, 견학, 자료 등을 통해서 타 부대의 장점을 파악하고 자기부대 실정에 맞도록 보완하여 적용함으로써 전문성을 신장시킬 수 있다.

04 업무핵심 파악

상급자의 의도와 업무의 핵심을 파악하고, 부하들의 의견, 가용여건 등을 고려하여 효율적인 업무처리 방법을 결정하고 추진한다. 업무를 완전히 파악하기 전까지는 처신을 신중히 하고 어려운 일에 부딪치면 동료나 상급자와 상담하여 문제를 해결한다.

문제의식을 갖고 업무수행

현상에 만족하지 말고 문제의식을 가지고 접근해야 한다. "이것이 최선의 방법일까?", "보다 더 효율적이고 좋은 방법은 없을까?"를 항상 고민하고 발전시키도록 노력한다.

문제해결 TIP

업무에 정통하면 얻는 효과
- 임무완수 및 업무성과 달성이 용이하다.
- 부하들로부터 신뢰를 받을 수 있다.
- 인정받고 대우를 받을 수 있다.
- 업무가 즐겁고 군 생활이 즐겁다.

간부의 행동지침
- 목표달성 의욕과 기백을 가져라.
- 목표달성 방침과 계획을 세워라.
- 조직관리 지식과 능력을 가져라.
- 부하에게 모범을 보여라.
- 항상 상대방의 입장에서 생각하라.
- 강한 책임감과 행동력을 가져라.
- 우물쭈물 하지 마라.
- 부하를 편애하지 말고, 공평하고 냉정하게 평가하라.

03 공은 부하에게, 책임은 나에게 돌려라

지휘관은 권한을 위임할 수는 있으나 책임을 위임할 수 없으며, 부대의 성패에 대한 책임은 지휘관만이 진다. 그러므로 지휘관은 성공적으로 임무를 완수했을 경우에는 그 공을 부하들에게 돌리고, 반면에 실패했을 경우에는 부하들의 사기저하를 방지하고 분발할 수 있도록 책임을 자신의 탓으로 돌리는 자세를 가진다.

01 책임

맡은 바 임무와 임무를 완수하겠다는 마음가짐 및 행위이며 그 결과에 대한 도덕적, 법률적 불이익을 감수하는 것이다.

(1) **개인 책임**: 개인의 행동 결과에 대한 책임으로, 타인에게 위임이 불가하다.

(2) **지휘 책임**: 부대의 임무수행 결과에 대한 책임으로, 지휘관은 어떠한 상황에서도 부대의 성패에 대한 책임을 지게 된다.

02 　지휘관의 책임의식

지휘관은 자신은 물론 부대 및 부하가 행한 모든 일에 전적으로 책임을 질 수 있다는 각오가 되어 있어야 한다. 따라서 책임을 피하려 하거나 부하에게 전가하려는 모습을 보여서는 안 된다. 부하의 명확한 잘못도 따지고 보면 지휘관이 잘못 가르치고, 잘못 지시하고, 잘못 감독한 탓으로 보아야 한다.

(1) 성공적인 임무완수와 좋은 성과는 부하의 공으로 돌릴 것

　① 좋은 성과는 부하들의 헌신적인 노력의 결과이다.
　② 부하들의 노력을 칭찬하고, 상급 지휘관의 뛰어난 지도 덕택이라고 말한다.

(2) 실패를 했거나 성과가 저조했을 경우 내 탓으로 돌릴 것

　① 부하들의 잘잘못을 따지고 질책하지 말고 내가 부족하고 잘못해서 실패했다고 먼저 이야기한다.
　② 부하들이 잘한 점을 찾아서 격려해주고 실패를 거울삼아 성공할 수 있도록 의욕을 고취시킨다.
　③ 각종 평가나 측정이 저조하다고 해서 그 책임을 부하에게 돌리지 말고 격려를 통해 다음 측정 시 좋은 평가를 받을 수 있도록 의욕을 고취시킨다.

> 좋은 결과에 대한 공은 자신이 차지하고 자기 출세를 위해 이용하는 한편, 좋지 않은 결과에 대한 책임은 부하들에게 전가하면, 부하들은 책임질 일은 절대 하지 않을 것이며 상관에 대해서 강한 불신과 배신감을 갖게 된다.

(3) 동일한 실패를 반복하지 않도록 원인을 분석하고 대책을 강구할 것

　① 먼저 자신의 잘못이 무엇인지 분석하고 보완한다.
　② 부하들의 업무태만이나 고의적인 과실이 명백한 경우에는 반드시 책임을 묻는다.

(4) 결과만 가지고 책임을 추궁하지 말고, 과정도 중요시할 것

　① 과오에 대한 책임을 묻기 전에 그 원인과 과정을 신중히 따져본다.
　② 원인분석을 기반으로 하여 책임을 조절한다.

(5) 부하들의 잘못을 감싸줄 것

　① 부하들이 잘못했더라도 '나는 제대로 했는데 부하들이 지시대로 하지 않아서 그렇다'는 식의 이야기는 하지 말아야 한다.
　② 부하가 상급자로부터 질책을 받고 있을 때 부하의 실수보다 지도 및 감독을 잘못한 자신에게 잘못이 있다고 이야기한다.

다음 상황을 읽고 제시된 질문에 답하시오.

나는 1중대 1(부)소대장이다. 이번 달에 중대 전투력 측정을 실시하였는데 유독 우리 소대가 저조한 성적을 내었고 이로 인해 중대장에게 심한 질책성 발언을 들었다.
이 상황에서 당신은 어떻게 하겠는가?

⇨ 선택지를 확인하기 전, 위 상황에서 당신은 어떻게 행동할 것인가?

예상되는 행동 생각해 보기
① 우리 소대인원들을 불러 모아 저조한 성적의 원인을 파악하고, 함께 반성하는 시간을 갖는다.
② 저조한 인원은 개인 기본권을 제한하고, 성적이 오르면 포상을 한다.
③ 소대원들을 집합시켜서 얼차려를 시킨다.
④ 부족한 부분을 인정하고 다음 전투력 측정 시 좋은 성적을 받을 수 있도록 노력한다.
⑤ 책임을 통감하여 다른 부대로 전출을 신청한다.

04 부하와 동고동락하라

부하들과 같이 먹고, 자고, 훈련하고, 작업하면서 때로는 친구처럼, 때로는 형처럼 애로사항을 함께 극복하고 진정으로 부하의 아픔과 고통, 즐거움을 함께 나눈다면, 부하들은 상관을 존경하고 생사를 초월하여 충성할 것이다.

01 부하들과 같이 먹고, 입어라

부하들이 식사를 못하고 있을 때 먼저 식사하지 말고, 기다렸다가 부하들과 같이 식사한다. 부하들이 우의가 없어 비를 맞고 있을 때 같이 비를 맞고, 추위에 떨고 있을 때 혼자만 따뜻하게 지내려고 하지 말아야 한다.

02 부하들의 취침을 확인한 후 취침한다

작전, 훈련, 공사, 업무 등으로 부하들이 취침을 못하고 있을 때 먼저 자지 말고, 부하들이 취침하는 것을 확인한 후에 취침하도록 한다.

03 | 작전 및 훈련 간 부하들과 함께한다

부하들에게 시키지만 말고 직접 시범을 보이고, 같이 뛰고 땀 흘리며, 문제점을 찾아 지도한다. 부하들과 동일하게 군장착용 및 위장을 하고 전장군기를 준수한다. 진지공사나 작업 시 서툴더라도 부하들과 같이 작업한다. 일과시간 외에 작업이나 업무를 해야 할 때 부하에게만 시키지 말고, 반드시 같이 한다.

04 | 부하들과 같이 운동 및 취미활동을 한다

개인적으로 좋아하지 않는 운동경기나 취미활동도 부하들이 좋아하면 못해도 같이 동참하고, 운동 후 목욕도 같이 한다면 더욱 끈끈한 유대감이 형성될 것이다.

05 | 부하들의 어려움과 고통을 함께 나눈다

부하들의 어려움, 고통, 슬픔을 나의 일같이 생각하고, 찾아서 해결해줄 수 있도록 노력하고 진심으로 위로와 격려를 한다.

문제해결 TIP

동고동락의 효과
- 부하들의 불안감을 해소: 위험한 상황이나 힘들어 지칠 경우 지휘관과 함께하면 심리적 안정감을 찾아 힘을 얻을 수 있다.
- 지휘관을 신뢰하며 따름: 신세대들은 평등의식에 익숙해져 있어 지휘관이라고 열외하고 편안하게 지내는 것을 싫어한다.
- 부대의 단결과 사기 고양: 부하가 힘들고 어려울 때 동참하면 '우리 지휘관은 항상 우리와 같이 있다'는 생각을 갖게 되어 부대가 단결되고 사기가 오른다.
- 지휘관에게 충성을 다함: 지휘관이 어려운 일에 직접 진두지휘하면 부하들은 일체감을 느끼며 지휘관에게 충성을 다한다.

병사들이 생각하는 '나는 이런 간부가 좋더라'
우리 소대장은 영내에 있을 때는 복장과 외모가 깔끔하고 항상 규정을 준수하는 FM 멋쟁이다. 그러나 훈련장에 나가면 우리와 똑같이 위장하고 흙먼지를 묻히며 뛰고, 땀을 흘리며 훈련을 함께한다. 그리고 언제나 힘들고 어려울 때 동고동락하기 때문에 진짜 이런 것이 군인다운 멋이 아닌가 싶다. 나도 우리 소대장처럼 행동하고 싶다.

05 자신부터 솔선수범하라

솔선수범은 어렵고 위험하여 남들이 하기 싫어하는 것을 내가 먼저 행동으로 실천하는 것으로서 간부가 솔선수범할 때 부하들이 자발적으로 참여하게 되며, 지시나 강요에 의한 것보다 많은 효과를 거둘 뿐만 아니라 부하들로부터 확고한 신뢰를 획득할 수 있다. 따라서 성공적인 임무수행을 위해서는 무엇보다도 솔선수범의 자세로 부하를 이끌어야 한다.

문제해결 TIP

솔선수범 요령
- 무엇을(What) 할 것인가?
  어려운 일, 힘든 일, 위험한 일, 남들이 하기 싫어하는 일
- 언제(When) 할 것인가?
  − 각종 부대활동 시 어렵고, 힘들고, 위험할 때
  − 부하들이 하기 싫어하거나 제대로 하는 방법을 모를 때
  − 규정, 방침, 지시사항 등을 강조하거나 모범을 보여줄 필요가 있을 경우
- 어떻게(How to) 하는가?
  자신의 역할이나 임무수행에 지장을 초래하지 않는 범위 내에서 실시

---

01 간부다운 품위 유지

(1) 용모와 복장을 단정히 하고 외적인 자세를 바르게 하며, 저속한 언어의 사용을 지양한다.

(2) 자신이 먼저 상관에게 예의를 다함으로써, 부하들도 자신을 본받도록 한다.

(3) 부하들 앞에서 상급자에 대한 불평불만이나 욕을 하지 않는다.

02 법규, 규정, 방침, 지시사항 준수

(1) 상급자의 규정, 방침 등의 위반은 부하에게 명령과 지시에 대한 복종을 요구할 수 있는 정당성을 상실하게 한다.

(2) 자신에게는 엄격하되 부하에게는 관용과 아량을 베푸는 게 좋다.

03 | 훈련 및 작전활동 시 솔선수범

(1) 사격, 수류탄 투척, 주특기 훈련 등 위험하고 어려운 훈련 시에는 먼저 시범을 보여주고 실시한다.

(2) 부단한 건강관리와 체력단련으로 부하들이 힘들어 할 때 도와주는 여유로 부하를 감동시킬 수 있다.

(3) 군장, 위장, 전장군기를 준수하고, 행군 등 힘든 훈련 시 휴식시간에도 부하들의 건강상태를 확인하고 조치한 후에 쉰다.

(4) 부하들을 자신보다 먼저 챙긴다. 힘든 훈련이나 작전상황에서 자신보다 부하의 안전, 의식주, 건강 등을 먼저 챙긴다.

(5) 힘든 작업 시 앞장서서 시범을 보여주고 부하들이 힘들어 할 때 교대도 해주면서 감독하고, 혼자서만 휴식하지 않는다.

(6) 자신이 할 수 있는 업무나 일은 부하들에게 시키지 말고 스스로 한다.

문제해결 TIP

병사들이 생각하는 '나는 이런 간부가 싫다'
우리 소대장은 당직근무 시 책을 읽거나, 경례를 하면 고개만 끄덕거리며, 생활관에 들어와 담배를 피우면서 소대원들에게는 규정을 강조한다. 또한 힘든 것은 부하들에게 지시하기 때문에 거리감이 생겨 대하기도 싫다.

기출유형분석

다음 상황을 읽고 제시된 질문에 답하시오.

당신은 (부)소대장이다. 춘계 진지보수공사 기간 중 중대장으로부터 기간 내 개인호 보수를 완료하라고 지시를 받았다. 그러나 공사지역은 넓고, 산악지형이어서 경사지, 암석 등 위험지역이 다수 있고, 안전사고가 우려된다.
당신은 안전에 문제가 있는 지역을 분대장이 판단하도록 한 후, 공사지역을 분담하여 병사들을 작업시키라고 지시하였다. 그리고 일과 중에 완료하고 결과를 보고한 후 복귀하라고 지시하였다. 이제 당신은 지시를 마치고 지휘소 텐트에서 대기하고 있다.
이 상황에서 당신은 어떻게 하겠는가?

⇨ 선택지를 확인하기 전, 위 상황에서 당신은 어떻게 행동할 것인가?

예상되는 행동 생각해 보기

① 분대장에게 공사완료 여부를 확인하고 복귀한다.

② 분대장에게 공사 진행정도를 확인한 후 현장으로 이동하여 완료여부를 확인하고 안전하게 복귀시킨다.

③ 가장 위험한 지역에 위치하여 안전통제를 한 후, 일과종료 이전에 안전하게 복귀시킨다.

④ 분대장이 복귀할 때까지 지휘소 텐트에서 기다린다.

간부가 먼저 솔선수범하여 헌신하는 모습을 보이지 않으면 아무도 따르지 않는다.

06 말보다는 실천을, 지시보다는 확인을 우선으로

부대관리 활동은 대부분 지속적, 반복적으로 이루어지기 때문에 안일한 사고와 나태에 빠지기 쉽다. 그러나 부대관리 활동에 있어서 한 번의 실수는 돌이킬 수 없는 부대관리 전체의 실패로 이어진다. 따라서 모든 부대활동 과정에서 말보다는 실천을, 지시보다는 확인을 우선으로 해야 한다.

01 말로만 하지 말고 실천하라

(1) 백 마디의 말보다 행동으로 보여 주어야 한다.

(2) 나 자신이 한 말에 대해서는 반드시 책임을 져야 한다.

(3) 몰라서 안하는 것이 아니라 게을러서 실천하지 못했기 때문에 부대관리에 실패하고 사고가 발생하는 것이다.

02 지시보다는 확인을 우선하라

(1) 질문이나 백브리핑을 통해서 지시사항에 대한 부하들의 이해 여부를 반드시 확인한다(복명복창).

(2) 지시사항에 대한 이행 또는 준수 여부를 반드시 확인한다.

(3) 확인은 직접 현장에 가서 눈으로 보고, 손으로 만져보고, 감각으로 느껴보면서 한다.

(4) 이행상태가 만족스럽지 못할 경우에는 문제점을 확인하고 조치한다.

(5) 부하들의 노력이나 성과에 대해서 위로, 인정, 칭찬한다.

03 명확하게 지시하고, 지시는 반드시 이행되어야 한다

(1) 지시에 무리한 내용이 없도록 사전에 신중을 기해야 한다. 지시사항이 자주 취소·번복되거나 변경되지 않도록 사전에 타당성과 이행 가능성을 충분히 검토한 뒤에 지시한다.

(2) 지시의 취지와 필요성을 알려준다. 지시사항이 어떤 의미와 목적을 갖고 있는지, 왜 필요한지를 알려준다.

(3) "알아서 해라, 하라면 해." 식의 지시는 지양한다. 부하들이 자기가 무엇을 어떻게 해야 할지를 분명하게 이해할 수 있도록 부하 수준에 맞추어서 명확하게 지시한다.

문제해결 TIP

말보다 실천이, 지시보다 확인이 필요한 이유

- 말보다 실천이 필요한 이유
  - 아무리 좋은 생각이나 계획과 방법을 가지고 있다 하더라도 행동으로 실천하지 않으면 아무런 소용이 없다.
  - 부대관리나 업무수행을 위해서 말은 누구나 잘하지만 그것을 직접행동으로 옮기고 실천하는 사람은 많지 않다.
  - 말로만 하고 실천하지 않는 간부는 부하 및 상급자로부터 신뢰를 얻을 수 없다.
- 지시보다 확인이 필요한 이유
  - 성공적인 부대관리는 수많은 지시보다는 눈과 귀와 손과 발을 통해 치밀하게 확인을 함으로써 가능하다.
  - 모든 지시사항을 상급자의 의도대로 부하들이 완전하게 이행할 수는 없다.
  - 부하들이 지시사항을 제대로 이행하거나 준수하도록 하기 위해서는 반드시 확인이 필요하다.

의사소통이 경직된 부대

- 지시만 전달되고 보고나 결과는 없는 부대
- 지휘관이 듣기보다는 말하기를 즐겨하는 부대
- 회의를 하게 되면 장시간, 밤늦게 하는 경우
- 간부들이 회의 기피증에 걸린 경우
- 상급부대로부터 각종 정보가 제한되는 부대
- 간부들이 대화나 토의하는 것을 싫어하는 부대
- 초급장교들이 개인생활에 관심이 많은 부대
- 일년 내내 바쁜 부대, 여유가 없는 부대
- 사기, 군기, 훈련이 뒤떨어진 부대
- 운동이나 회식 모임 등이 활성화 되지 않는 부대
- 지휘관이 외부에서 보내는 시간이 많은 부대
- 폭로성 정보나 묵사발 훈시가 많은 부대
- 불필요한 행정업무가 많은 부대
- 계급과 직책에 의한 부대 질서가 이루어지지 않는 부대
- 인사관리가 공정하지 않는 부대
- 보고기피증이 많은 부대
- 화를 잘 내거나 부하를 강압적으로 지휘하는 부대
- 과거의 지휘관을 동경하는 부대

- 회의 시 웃음이 적은 부대
- 미결재 공문이 많은 부대
- 간부 간, 예하 부대 간 알력이 많은 부대
- 일과 중 보고하지 않고 출타하는 간부가 많은 부대
- 지휘관 부재 시 불건전한 오락이 많은 부대
- 각종 행사에 열외 인원이 많은 부대

- First Check: 검사자에 의한 점검
- Re Check: 본인 및 타인을 통한 점검
- Double Check: 차상급 제대에 의한 점검
- Triple Check: 2차 상급제대 등에 의한 점검
- Cross Check: 실무자 및 관계자에 의한 교차점검
- Final Check: 지휘관에 의한 최종점검

07 MZ세대의 특성을 알고 지휘하라

MZ세대들은 기성세대와는 다른 의식구조와 사고방식을 가지고 있어 과거 지휘방식으로는 효과를 얻지 못할 수도 있다. 따라서 MZ세대 장병들과 더불어 효과적으로 임무를 완수하기 위해서는 이들의 특성을 이해하고 지휘해야 한다.

문제해결 TIP

MZ세대의 특성
- 의식구조
  - 자기능력 및 개성에 맞는 일에 최선을 다하고, 자유분방하며 자신의 주장을 당당하게 표현한다.
  - 단체보다는 자신을 중시하는 경향이 있다.
  - 현실적 이해타산과 득실에 민감하고 자기만족을 중시한다.
  - 공정성과 합리성을 추구하고 납득되지 않은 사실은 거부한다.
  - 좋고 싫음이 명확하고 기본권 침해 및 간섭받기를 싫어한다.
  - 권위주의에 대한 거부감이 강하고 평등의식이 강하다.
  - 모든 것을 비판적으로 받아들이는 경향이 짙다.
- 생활방식
  - 자기가 원하는 일이면 명예, 보수보다는 자기만족을 중시하는 일에 몰입한다.
  - 더럽고, 위험하고, 어려운 일을 기피하고 여가선용을 추구한다.
  - 핵가족 및 풍요 속에 성장하여 어려움을 극복하지 못하고 쉽게 포기하며 스스로 문제를 해결하는 능력이 부족하다.
  - 오락과 학습, 의사소통까지 모든 활동을 스마트폰, 컴퓨터, 디지털 매체 등을 통해 해결한다.
  - 학연, 지연보다 '(Net)인'을 중시한다.
  - 주변환경에 쉽게 동화하고 한곳에 머물기보다는 변화를 추구한다.

01 개인의 인격과 개성을 존중하여 지휘한다

(1) 부하의 인격과 개성을 존중해 주며 자율성과 책임의식을 부여한다.

(2) 동료들 앞에서 지나치게 질책하거나 창피를 주지 말아야 한다.

(3) 취약하고 임무수행 능력이 저조한 부하에 대하여 관심을 갖는다.

(4) 이들을 미워하지 말고 인내심을 가지고 지도한다.

02 합리적인 지휘로 자발적인 참여를 유도한다

(1) 의사결정 시 부하들의 의견을 충분히 고려한다.

(2) 무조건적 지시보다 왜 해야 하는지, 목적과 당위성을 설명해 주고 역할을 명확하게 제시한다.

(3) 모든 일을 혼자서만 하려 하지 말고, 위임이 가능한 일은 부하들의 능력을 고려하여 맡긴다.

(4) 이치에 맞지 않고 불합리한 일이나 지시를 하지 않는다.

(5) 규정과 방침에 따라 지휘하고 임무수행 여건을 보장해 준다.

(6) 부하들의 기본권을 제한하고 불필요한 고통을 강요하는 업무추진은 하지 않는다.

03 부하의 특성과 장점을 살려 지휘한다

(1) 개인의 능력과 특성을 고려하여 임무를 부여한다.

(2) 할 땐 하고 쉴 땐 쉬는 '쿨'한 간부가 되자.

(3) 부하들과 현장에서 끊임없이 교류하며 신세대의 의식에 공감하고 동참한다(신세대 노래, 운동, 오락 등).

(4) 계급과 직책에 상응하는 전문성(컴퓨터 및 인터넷 운용 등)을 갖추어 스스로 권위를 창출한다.

(5) 기본권을 보장해 주고, PC활용 기회 및 자기개발 여건을 마련해 준다.

(6) 칭찬하고, 격려하며 인정해 준다.

08 부하의 스트레스를 해소해 주어라

병사들에게는 군 입대 및 환경 자체가 스트레스라고 한다. 특히 군은 엄격한 위계질서를 중시하는 조직으로 개인적인 욕구와 애로사항이 무시되기 쉽기 때문에 간부들은 부하들에게 가급적 스트레스를 주지 않도록 하고, 스트레스를 해소시켜 주어 힘든 가운데서도 안정감을 가지고 군 생활에 전념할 수 있도록 해야 한다.

문제해결 TIP

병사들의 스트레스 요인
• 인격모독 및 자존심 손상
• 구타 및 가혹행위, 폭언 및 욕설
• 자유 및 정비시간 등 기본권과 취미활동 제한
• 부대원들로부터 무시, 소외감, 무관심을 당함
• 통제된 생활(자신의 마음대로 할 수 없음)
• 불안하고 긴장된 생활
• 사생활문제로 인한 고민
• 과중한 업무
• 상급자의 지나친 경쟁의식 및 승부욕
• 불편한 병영환경 및 편의시설

01 부하들에게 스트레스를 주지 않도록 노력한다

(1) 부하들의 인격을 존중해 주고 인격을 모독하거나 자존심에 상처를 주는 말은 절대 하지 말아야 한다. '칼로 벤 상처보다, 말로 입은 상처가 더 오래 간다'는 사실을 명심하자.

(2) 욕설이나 폭언을 하지 않는다.

(3) 휴식시간, 자유시간, 취침시간 등 기본권을 보장해 준다.

02 무리한 부대운용을 금지한다

(1) 부하들에게 일일, 주간, 월간 등 예정된 부대활동을 미리 공지하여 심리적 불안감을 해소시켜 준다.

(2) 일과표를 준수하고 불필요한 집합과 통제를 지양하며 자율활동 시간을 철저하게 보장한다.

(3) 부대활동은 경중, 완급을 고려한 우선순위를 판단하여 추진한다.

(4) 무조건 1등, 무조건 좋은 결과를 획득하라는 강요는 지양하고 여건을 충분히 보장해 주고 자발적으로 노력할 수 있도록 동기를 부여해 준다.

03 신바람 나는 병영생활 환경을 조성한다

(1) 쾌적한 부대환경 조성 및 휴식공간을 마련한다.

(2) 생활관을 안방처럼 아늑하고 포근한 분위기로 조성한다.

(3) PC방, 화장실, 샤워장, 세면장, 이발소, 정비실 등의 시설을 개선한다.

(4) 다양한 체육기구와 세탁기, 탈수기 등 편의품을 확보한다.

(5) 구충, 구서, 방역, 순회진료, 주기적인 신체검사 및 위생 점검을 한다.

(6) 단체경기를 장려하며 되도록 전원 참여를 유도한다.

(7) 동아리활동 여건을 보장하고 활성화시킨다.

04 운동 및 취미활동을 활성화하여 스트레스를 해소시켜 준다

(1) 부하가 받은 스트레스를 다양한 방법으로 해소해 준다.

(2) 체력단련장에 샌드백 등 운동기구를 준비해 주고 스트레스가 쌓일 때 마음껏 해소할 수 있도록 한다.

(3) 주 2회 이상 가용한 시간을 이용하여(30분 이상) 개인 및 단체운동을 할 수 있는 여건을 보장한다.

(4) 오락기구, 도서, PC방 등을 준비하여 개인 취미활동 및 자기개발을 통하여 심신의 스트레스를 해소할 수 있도록 여건을 보장한다(후임병들이 소외되지 않도록 주의).

09 신뢰를 얻지 못하면 부하의 마음을 움직일 수 없다

상급자, 동료, 부하들로부터 신뢰를 얻는 것은 부대지휘나 관리를 위해서 대단히 중요하다. 특히 부하들로부터 신뢰받지 못하면 진정한 충성이나 복종을 받을 수 없고, 업무를 성공적으로 수행하기 곤란하다. 따라서 부하로부터 신뢰와 존경을 받을 수 있도록 노력해야 한다.

01 간부로서의 자질과 능력을 스스로 배양한다

(1) 자기성찰을 통하여 부단히 인품을 갖춘다.

(2) 자신의 용모와 복장을 단정히 하고 외적인 자세를 바르게 하며, 고운 말을 쓴다.

(3) 부단한 자기개발을 통하여 군사지식을 습득한다.

02 솔선수범하고 부하들과 동고동락한다

(1) 어렵고 힘들고 위험한 곳에서 부하들과 함께하고 솔선수범을 보인다.

(2) 법규, 규정, 방침을 준수하고 모범을 보인다.

(3) 부하의 어려움, 고통, 슬픔을 나의 일과 같이 생각하고, 찾아서 해결해 줄 수 있도록 노력하고 진심으로 위로와 격려를 한다.

(4) 간부의 모습은 어항속의 금붕어처럼 모든 모습이 그대로 보이기 때문에 부하들을 속일 수 없음을 명심하고 매사 모범을 보인다.

03 도덕성을 확립하고 책임의식을 가진다

(1) 사리사욕이나 사사로운 정에 치우치지 말고 매사를 정직하고 공정하게 처리한다.

(2) 공금을 투명하게 사용하고 대접받기보다는 베푼다.

(3) 공은 부하에게 책임은 나에게 돌린다.

(4) 부하를 인격적으로 대우하며 잘 먹고, 잘 입고, 편히 쉬고, 기본권을 보장해 주는 데 문제는 없는지 항상 관심을 갖고 찾아서 해결해 준다. 사적업무를 청탁하거나 시키는 행위는 금물이다.

04 한 번 잃어버린 신뢰는 회복하기 어려우므로 신뢰를 잃지 않도록 노력한다

(1) 부하들과 한 약속은 반드시 지킨다.

(2) 잘못은 솔직하게 인정하고 이해를 구한다.

(3) 인격을 모독하거나 자존심을 상하게 하는 말을 하지 말고, 책임을 부하에게 전가하지 않는다.

문제해결 TIP

간부의 자세 비교

신뢰받는 간부의 자세	신뢰받지 못하는 간부의 자세
• 훌륭한 인품을 구비하고 도덕성을 견지한 자세 • 풍부한 군사지식을 함양하고 항시 연구하는 자세 • 부하와의 약속을 최선을 다해 지키려는 자세 • 부하에게 정으로 대하며 친형제같이 걱정해 주고 보호해 주며, 애로사항을 직접 해결해 주는 자세 • 자신의 감정을 잘 다스리고 아무리 화가 나도 부하에게 화난 모습을 보이지 않는 자세 • 부하의 장점 위주로 보면서 부하를 먼저 믿고 신뢰하는 자세	• 자신의 영달을 위해 부대 및 부하를 이용하려는 자세 • 자신은 직접 행동하지 않고 매사 입으로만 지휘하려는 자세 • 금전적으로 깨끗하지 못하고 부하에게 베풀기보다는 받기를 좋아하는 자세 • 부하의 애로사항 및 욕구를 들어주지 않고 오히려 욕하고 방해하고 처벌로 겁을 주는 자세

기출유형분석

다음 상황을 읽고 제시된 질문에 답하시오.

당신은 소대장이다. 평소에 술을 좋아하는 중대장이 업무가 없는 밤이면 당신을 불러서 술을 같이 마시자고 한다. 술을 즐기지 않는 당신은 그 술자리가 불편하다. 더욱이 술을 마시는 횟수가 늘어나면서 육체적, 정신적 피로가 쌓이자 정상적인 업무에 지장이 생겼다.
이 상황에서 당신은 어떻게 하겠는가?

⇨ 선택지를 확인하기 전, 위 상황에서 당신은 어떻게 행동할 것인가?

예상되는 행동 생각해 보기

① 피곤해서 나가지 못한다고 말한다.

② 중대장과 면담을 통하여 업무와 피로로 인하여 다음부터 나가지 못한다고 말한다.

③ 중대장의 지시이므로 나간다.

④ 상급자에게 보고한 후 조치를 요청한다.

10 역지사지로 부하를 지도하라

부하들을 지휘하면서 자신의 입장에서만 생각하고, 행동하는 것은 큰 과오를 범할 수도 있고 부하들에게 본의 아니게 피해를 주거나 불신을 받을 수 있다. 따라서 부하들의 실상을 정확히 파악하고 그들의 입장에서 생각하고 업무를 처리할 수 있도록 해야 한다.

01 임무부여나 지시를 할 때 부하들의 입장에서 생각한다

(1) 임무수행에 문제점은 없는지 생각해 본다.

(2) 임무수행을 위한 여건은 보장 가능한지 판단한다.

02 임무를 완수하지 못했거나 성과가 저조할 때 먼저 부하들의 입장에서 생각하고 조치한다

(1) 지시, 지도, 감독, 여건보장 등 모든 면에서 자신의 잘못이 무엇인지 먼저 생각한다.

(2) '어떻게 하면 부하들이 책임감을 느끼고, 다음에는 더 잘 하려고 노력할 것인가'를 부하 입장에서 생각하고 조치한다.

(3) 열심히 노력했다면 잘한 점을 찾아서 칭찬하고 격려한다.

03 부하들이 잘못했을 경우 처벌을 하기 전에 부하들의 입장을 고려한다

(1) 왜 잘못을 할 수밖에 없었는지 부하의 입장에서 파악한다.

(2) 잘못한 것이 확실한지와 사안의 중대성 정도를 파악한다.

(3) 의도적이거나 중대한 과실이 있을 경우 규정에 따라 처벌하고, 단순한 실수는 용서하고 기회를 준다.

(4) 처벌보다 용서하는 것이 효과적이라고 판단되거나 부대원들이 공감하면 용서한다.

(5) 병영생활 행동강령 위반 등 중대한 사안은 규정에 따라 강력하게 처벌한다.

04 │ 내가 상급자에게 바라는 것처럼 부하를 대한다

(1) 반대로 내가 부하에게 원하는 것처럼 상급자를 섬긴다.

(2) 부하가 자신이나 가족의 문제로 어려움을 당했을 때는 내 자신이 그러한 일을 당했다고 생각하여 적극적으로 도와 준다.

문제해결 TIP

역지사지(易地思之)

역지사지란 처지를 바꾸어 생각하거나 상대편의 처지에서 생각해 보는 것이다.

역지사지는 다음과 같은 경우에 적용해야 한다.

• 임무부여 및 지시사항 하달 시
• 임무완수를 하지 못했거나 성과가 저조할 시 예 교육훈련, 작전활동, 작업, 각종 검열 및 측정 등
• 잘못했을 경우 예 법규, 규정, 방침 미준수, 지시사항 불이행 등
• 개인적인 어려움을 당했을 경우 예 몸이 아프거나 가족의 건강 이상 및 사망, 생계곤란 등

병사들이 흔히 하는 말

"소대장님은 저희들에게 무척이나 잘해 주십니다. 그러나 저희들은 병사들입니다. 아무리 소대장님이 저희들의 모든 것을 이해하시려고 해도 간부이기 때문에 알 수 있는 한계가 분명 있습니다. 소대장님이 저희와 똑같은 병이 되지 않는 한 그 아픔을 알 수 없습니다. 단지 이해하려 노력할 뿐입니다."

기출유형분석

다음 상황을 읽고 제시된 질문에 답하시오.

당신은 중대장이다. 요즘 부하인 A소대장 때문에 스트레스가 쌓인다. A는 충성심이나 군에 대한 사명감은 높은 편이지만, 소대를 관리하는 능력이 서투르고, 업무처리도 깔끔하지 못한 편이기 때문이다. 게다가 전임 중대장과 A의 동료들에게서도 A에 대한 나쁜 평판과 불평이 자주 들린다.

이 상황에서 당신은 어떻게 하겠는가?

⇨ 선택지를 확인하기 전, 위 상황에서 당신은 어떻게 행동할 것인가?

예상되는 행동 생각해 보기

① A소대장을 불러 따끔하게 야단치고 정신교육을 한다.
② A의 동료들에게 A소대장이 업무능력을 신장시킬 수 있게끔 잘 도와주라고 말한다.
③ A소대장에게 애로사항이 뭔지 물어보고 개선할 수 있는 여건을 조성해 준다.
④ A소대장과 진술하게 이야기를 나누며 문제점을 알려주고 개선점을 함께 찾는다.
⑤ A소대장의 일까지 전부 내가 처리해서 A소대장이 욕을 먹지 않게끔 돕는다.
⑥ A소대장을 다른 부대로 전출시킨다.

11 작은 사랑으로 부하를 감동시켜라

부하들이 하기 싫고, 힘들고, 목숨이 위태로워도 기꺼이 상관에게 충성을 다하고, 지시에 따르는 이유가 무엇일까? 그것은 상관에 대한 고마움, 정, 의리, 즉 신뢰와 존경이 있기 때문이다. 따라서 부하로부터 신뢰와 존경을 받기 위해서는 부하들의 애로 및 고민사항을 해결해 주고, 사소한 것이라도 부하들이 고마워하고 기뻐하는 것을 찾아서 감동을 줄 수 있도록 노력해야 한다. 작은 사랑에는 노력과 시간이 많이 필요하지 않고, 비용이 적게 든다. 누구나 쉽게 할 수 있지만 관심과 애정이 없으면 할 수 없는 것이다. 상대방에게 기쁨과 즐거움, 고마움과 감동을 줄 수 있는 것은 작은 사랑으로부터 시작된다.

01 병영생활 속 작은 관심이 부하를 감동시킨다

(1) 부하들의 이름과 목소리를 기억하고 이름을 불러준다.

(2) 영내에서 만나도 그냥 지나치지 말고 "식사 많이 했는가?", "어디 아픈 데 없는가?" 등 인사말을 다정하게 건넨다.

(3) 부하들의 잘못으로 상관으로부터 질책을 받았을 때 부하들 앞에서 웃음을 보일 수 있는 아량을 보인다.

(4) 부하의 생일을 기억하고 축하해 준다.

(5) 몸이 아플 때 특별한 관심을 가져주고, 아픈 부위를 만져보고, 직접 약을 지어다 주고, 틈나는 대로 문병하는 등 진심으로 위로해 준다.

(6) 잘할 때, 외롭고 힘들어 보일 때 편지, 메모, E-mall 등을 이용해서 칭찬과 격려를 한다.

(7) 부하의 애로 및 고민사항을 찾아서 조치해 주고, 조치를 못해 줄 때는 반드시 그 이유를 설명한다.

(8) 기본권이 제한된 상황에서 업무를 수행했거나, 부하로부터 사소한 도움이라도 받았다면 반드시 "수고했다", "고맙다"고 말한다.

02 훈련 및 작전 중 부하를 감동시킨다

(1) 신체적 특성, 지능, 건강 등의 문제가 있는 병사는 요망수준을 조정해 주고 노력을 격려한다.

(2) 힘들어하는 부하를 찾아 건강상태를 확인하여 조치 및 격려하고, 사탕 한 알이라도 줄 수 있도록 노력한다.

(3) 경계근무 순찰 시 다정하게 "아픈 곳은 없는가", "수고한다" 등의 말 한마디라도 건넨다.

(4) 작업 중 힘든 일도 유머와 콧노래로 재미 있고 흥이 나도록 이끈다.

문제해결 TIP

병사들이 느꼈던 감동 사례

내 생전 그렇게 혹독한 감기 몸살에 걸려 본 적이 없을 정도로 끙끙 앓아누워 있었다. 부대 의무대에서 주는 약을 먹어도 전혀 차도가 없어 생활관에서 앓아누워 있던 어느 날, 누군가 내 이마를 짚어 주는 느낌에 눈을 떴다. "김 상병 열이 많구나. 이 약을 좀 먹어 보지. 내가 약국에 나가 지어 온 것이야. 이 물약하고 함께 먹자."라며 나를 일으켜 앉혀 손수 드링크 병을 열고 약봉지를 펴서 내 입 안에 넣어 주는 것이었다. "아! 소대장님! 고맙습니다." 나도 모르게 소대장님의 손을 잡고 말았다. 얼마나 내가 골탕 먹였던 소대장인데…….

12 칭찬과 격려는 부하를 신바람나게 한다

상관의 칭찬은 부하들에게 동기를 부여해 주고 의욕과 용기를 주며 적극적인 행동을 행하게 하는 원동력이 된다. 따라서 간부들은 질책보다는 칭찬과 격려를 아끼지 않음으로써 부하들의 사기와 의욕을 북돋우고 업무수행 능력을 향상시킬 수 있도록 해야 한다.

01 칭찬과 격려로 부하들의 의욕과 사기를 높인다

(1) 간부들은 사소한 것이라도 찾아서 하루에 1명 이상 칭찬하도록 한다.

(2) 받는 사람은 기분 좋게, 주변 사람이 공감할 수 있도록 칭찬한다.

(3) 칭찬할 일이 있으면 즉시 현장에서 칭찬해 주고, 다른 인원들의 의욕을 고취시키거나 동기를 유발시킬 필요가 있을 경우에는 부대원이 모인 가운데 칭찬한다.

(4) 칭찬을 할 때는 타 인원들의 공감대를 얻을 수 있도록 칭찬받을 내용에 대해서 명확하게 설명해 준다.

(5) 칭찬할 때는 화끈하게 해 주고 부정적인 꼬투리를 달지 않는다.

(6) 결과가 좋지 않았더라도 열심히 노력했다면 반드시 노력에 대해 칭찬한다.

(7) 소대 또는 건제단위로 점호시간, 일과 시작시간 등을 이용하여 하루에 1명씩 칭찬릴레이 운동을 전개한다.

(8) 능력이 부족한 부하도 칭찬을 통해서 의욕과 사기를 높여 준다.

02 스스로 잘못을 느끼도록 하고, 마음의 상처가 되지 않게끔 질책한다

(1) 억울한 질책을 받지 않도록 질책을 하기 전에 잘못한 사항을 명확하게 확인하고 질책한다.

(2) 잘못된 행위만 질책하고 인격적인 모독이나 자존심에 상처를 주는 일이 없도록 한다.

(3) 잘못을 반성하고 있으면 질책을 최소화한다.

(4) 가급적 다른 사람들이 보지 않는 곳에서 질책하고 지루하게 시간을 끌면 효과가 반감된다.

문제해결 TIP

인정욕구 존중하기

카네기(Andrew Carnegie)는 인간이 인간일 수 있는 이유는 "인정받고 싶어 하고 자기 성장을 추구하는 욕구를 가지고 있기 때문이다."라고 하였다. 남으로부터 칭찬과 인정을 받고 싶은 욕구는 죽을 때까지 영원히 채워질 수 없는 무한의 욕구이다. 인간은 어떤 계층이고 어떤 부류의 사람이건 칭찬과 인정을 받고 싶어 한다. 인간은 남으로부터 무시를 당하는 것이 제일 참기 힘든 고통이다. 인간이 조직 속에서 생활하면서 가장 힘들게 느끼는 것은 육체적 고통보다 정신적으로 소외감, 무관심, 무시를 당하는 것이다.

칭찬 10계명

하나, 칭찬할 일이 생겼을 때 즉시 칭찬하라
둘, 잘한 점은 구체적으로 칭찬하라
셋, 가능한 공개적으로 칭찬하라
넷, 결과보다는 과정을 칭찬하라
다섯, 사랑하는 사람을 대하듯 칭찬하라
여섯, 거짓 없이 진실한 마음으로 칭찬하라
일곱, 긍정적인 눈으로 보면 칭찬할 일이 보인다
여덟, 일이 잘 풀리지 않을 때 더욱 격려하라
아홉, 가끔씩 자기 자신을 칭찬하라
열, 차별화된 방식으로 칭찬하라

"상관의 말 한마디가 부하에게는 보약이 될 수도 있고 극약이 될 수도 있으므로 질책보다는 칭찬과 격려를 해 주어라."

13 미리 예측하고 계획하여 준비하라

업무를 성공적으로 수행하기 위해서는 미리 업무를 예측하여 시간적 여유를 가지고 체계적으로 준비를 해야 한다. 만약 그렇지 못하면 부하들의 불평불만이 쌓이고 사기와 단결력이 저하되어 결국 부하들만 고생시키고 좋은 성과는 거둘 수 없다. 따라서 업무를 성공적으로 수행하기 위해서는 미리 예측하여 계획을 수립하고 준비를 해야 한다.

문제해결 TIP

계획수립 단계
- 무엇을 예측할 것인가
  - 주요 훈련 및 평가, 검열, 경연대회
  - 월동(동계작전 준비) 및 월하 준비, 진지공사
  - 각종 임무수행 시 발생할 수 있는 우발상황
- 계획수립 및 준비
  - 예측된 업무를 수행하는 데 필요한 자신 및 부하들의 준비사항이 무엇인지를 파악
  - 가용시간, 부대여건 등을 고려하여 어떻게 준비하고 추진할 것인가에 대하여 일정별 추진계획을 수립
  - 후보계획으로 작성
  - 부하들의 의견도 수렴하여 반영
  - 상관의 의도에 벗어나지 않는 범위 내에서 창의성을 발휘
  - 부하에게 준비할 수 있는 시간을 부여
  - 계획은 단순하게, 준비는 철저하게

01 업무를 미리 예측하고 진행

(1) 부대훈련지시, 예정사항 등을 참고하여 자신이 수행해야 할 업무와 역할을 미리 예측한다.

(2) 계절의 변화에 따라 준비해야 할 사항을 미리 예측한다.

(3) 각종 업무수행 시 발생할 수 있는 우발상황을 예측한다.

02 실행 가능한 계획 수립

(1) 예측된 업무를 위해서 사전에 자신과 부하들이 준비할 사항이 무엇인지 도출한다.

(2) 도출된 준비사항을 업무의 경중, 완급을 고려하여 우선순위를 결정한다.

(3) 우선순위와 가용시간, 부대여건 등을 고려하여 누가, 무엇을, 언제, 어디서, 어떻게 준비할 것인가에 대하여 구체화한다.

(4) 부하들의 의견도 수렴하여 반영한다.

(5) 계획이 완성되면 부하들에게 상세하게 설명해 준다.

03 계획에 맞춰 준비하고 점검

(1) 계획된 일정에 맞춰 누락요소가 없도록 준비한다.

(2) 어려운 내용은 예행연습을 실시한다.

(3) 업무준비 중 제한사항을 찾아서 조치한다.

(4) 우발계획에 필요한 내용도 준비한다.

(5) 칭찬과 격려를 통하여 부하들의 의욕을 고취시키고 동기를 부여한다.

> "반복적이고 일상적인 업무라도 미리 준비해서 계획적으로 시행하면 시행착오를 최소화하고 성과를 극대화할 수 있다."

14 의사소통을 활성화하라

원활한 의사소통은 부대원들의 이해를 증진시키고 신뢰를 강화시킨다. 또, 부대활동에 자발적이고 적극적인 참여의식과 상호 협조하는 응집력을 향상시켜 업무 성과를 높일 수 있다. 반면에 의사소통이 제대로 되지 않으면 오해와 갈등이 증폭되고 개인의 고충을 혼자서 고민하다 사고를 일으키는 경우가 많다. 따라서 상하 간, 동료 간 의사소통을 활성화해야 한다.

01 부담없이 하고 싶은 이야기를 할 수 있는 여건을 보장해 준다

(1) 믿을 수 없는 사람에게 진실한 이야기를 하지 않고, 부하로부터 신뢰를 받을 수 있도록 노력한다.

(2) 부하들의 어떠한 의견이라도 수용할 수 있는 인격을 기른다.

(3) 부하에게 말한 내용은 책임을 지는 언행일치를 보인다.

(4) 비밀을 지켜 주어야 할 내용은 반드시 지켜 준다.

(5) 애로 및 건의사항을 조치해 주고 조치가 불가능할 경우에는 반드시 타당한 이유를 설명해 준다.

02 부하들과 자유로운 의사소통을 한다

(1) 얼굴 표정을 밝게 하고 딱딱한 분위기에서는 유머를 사용한다.

(2) 솔직하고 정직하게 이야기한다.

(3) 부하들이 정확하게 알아들을 수 있도록 쉬운 용어를 사용하고 명확하게 이야기한다.

(4) 부하들의 이야기를 진지하게 들어주고, 시간이 없다는 핑계로 일방적인 이야기만 하지 않는다.

(5) 훈계, 교육하는 식의 말투를 지양하고 가급적이면 칭찬, 격려로 부하들의 마음을 편하게 한다.

(6) 자기의 뜻이나 의도에 거슬린다고 화를 내거나 면박을 주지 않는다.

(7) 부하들과 함께 수행할 업무나 과업에 대해 토의를 실시하고 최선의 방안을 도출한다.

03 상급자와 의사소통을 활성화한다

(1) 상급자의 명령이나 지시를 받을 때 의도나 내용을 정확하게 파악하고, 이해되지 않는 사항은 복명과 질문으로 반드시 확인한다.

(2) 업무수행 시 모르는 사항이나 애로사항은 수시로 상급자에게 물어 본다.

04 다양한 의사소통체계를 활용한다

(1) 다양한 방법과 수단을 활용하여 의사소통한다.

(2) 상향식 일일결산, 계급별 간담회, 면담, 고충처리함, 사랑의 편지, E-mail 등을 활용할 수 있다.

문제해결 TIP

의사소통의 유형과 고려사항
① 의사소통의 유형
 • 수직적 의사소통
  – 상의하달: 지휘계통에 의해 업무를 부여 하거나 명령 또는 지시를 내릴 때 사용되는 의사소통
  – 하의상달: 부하들이 상급자에게 지휘계통이나 비공식적인 통로를 통하여 보고 및 건의를 할 때 사용되는
   의사소통
 • 수평적 의사소통 : 동일한 수준에 있는 개인 또는 집단 사이에서 협조, 토의, 회의, 통보 등을 통한 의사소통
② 의사소통의 고려사항: 부하와 양방향의 의사소통이 자연스럽게 이루어질 수 있도록 분위기와 여건을 조성해야
 한다.
 • 가능한 한 개인 접촉을 한다.
 • 긍정적인 표현을 한다.
 • 부하의 심리상태를 정확히 파악하여 의사를 전달한다.
 • 부하에게 선입관을 갖고 대화하지 않는다.
 • 얼굴 표정, 몸짓 등 비언어적인 의사소통 기술을 활용한다.
 • 부하에게 필요한 것을 지속적으로 알려 준다.
 • 적극적으로 설득하여 이해시킨다.
 • 부하의 입장에서 생각하고 경청한다.
 • 부하가 충분한 의견을 제시할 수 있는 분위기를 조성한다.

부하가 생각하는 바람직한 리더(지휘통솔자)
 • 일을 잘 가르쳐 주는 리더
 • 명랑한 분위기를 조성하는 리더
 • 어려울 때 도와주는 리더
 • 노력과 성과를 인정해주고, 공평하게 평가하는 리더
 • 무리하게 억누르지 않고 책임지려는 리더
 • 장래 일을 생각해 주고 신상을 걱정해 주는 리더
 • 지나치게 일에 간섭하지 않고 자유롭게 하도록 맡겨 주는 리더
 • 흥미 있게 일을 시키는 리더
 • 방향과 방침을 명확하게 설명해 주는 리더

리더의 조건(헤이즈, 미 경영협회장)
 • 부하위주로 생각하라.
 • 요망사항과 수준을 분명히 말하라.
 • 경청하는 습관을 가져라.

- 문턱을 낮추라.
- 참고 기다려라.
- 약속을 지켜라.
- 지시만 하지 말고 해결하는 방법과 과정을 눈 여겨 보라.
- 진실을 말하라.
- 아이디어나 실적에 대한 평가는 즉시 시행하여 자부심을 갖게 하라.

기출유형분석

다음 상황을 읽고 제시된 질문에 답하시오.

당신은 부소대장으로 이번에 소대원들을 데리고 훈련을 하게 되었다. 그런데 소대원들이 힘든 훈련을 꺼리고 요령을 피워 훈련에 어려움을 겪고 있다. 이번에도 마찬가지로 상당수의 소대원이 몸이 아프고 체력이 저하되었다고 호소하며, 환자로 대우해줄 것을 요구하고 있다.

이 상황에서 당신은 어떻게 하겠는가?

⇨ 선택지를 확인하기 전, 위 상황에서 당신은 어떻게 행동할 것인가?

예상되는 행동 생각해 보기

① 소대원들에게 훈련을 마치고 나면 성취감이 들 것이라며 사기를 북돋워서 훈련에 임하게 한다.

② 정말 환자인지 아닌지 의무병에게 진단받게 하고, 꾀병 환자를 색출해 얼차려를 시킨다.

③ 꾀병임을 알기 때문에 무시하고 훈련을 강행한다.

④ 나부터 열심히 훈련에 참여하는 모습을 보여서 병사들이 동참하게 한다.

⑤ 소대장에게 상황을 알리고 조치를 기다린다.

⑥ 열외하지 않고 훈련에 열심히 참여하면 포상을 준다고 한다.

아이들이 답이 있는 질문을 하기 시작하면 그들이 성장하고 있음을 알 수 있다.

-존 J. 플롬프-

PART

2

모의고사

제 1 회 모의고사

01 다음 상황을 읽고 제시된 질문에 답하시오.   지휘통솔

> 당신은 함대 내 취사반 관리를 담당하고 있는 부사관이다. 어느 날 함정 대청소를 하게 되어 대청소를 지시·감독하고 있었다. 그런데 항상 불만을 표현하고 지시사항을 잘 따르지 않는 후배 A가 모두 청소하는 시간에 전화통화를 하면서 작업을 하지 않고 있다. 당신은 이전에도 A에게 성실하지 못한 행동에 대해 몇 번 주의를 준 적이 있지만, 고쳐지지 않고 있다.
> 이 상황에서 당신은 어떻게 하겠는가?

이 상황에서 당신이 Ⓐ 가장 할 것 같은 행동은 무엇입니까(M)?   (   )
　　　　　　　　　 Ⓑ 가장 하지 않을 것 같은 행동은 무엇입니까(L)?   (   )

보기
① 단체 생활의 중요성을 교육시킨 후, 특정 구역 청소를 혼자하도록 벌을 주어 경각심을 준다.
② 솔선수범하면 따라올 것이므로 A와 함께 청소에 참여하여 열심히 하는 모습을 보여 준다.
③ 절차에 따라 상부에 보고하여, 규정대로 처리한다.
④ 인사상담 후, 다른 부대로 갈 수 있도록 조치한다.
⑤ A와 지속적으로 상담시간을 갖고, 스스로 반성할 수 있는 기회를 준다.

상황판단평가								
01	M	①	②	③	④	⑤	⑥	⑦
	L	①	②	③	④	⑤	⑥	⑦

02 다음 상황을 읽고 제시된 질문에 답하시오.

당신은 (부)소대장이다. 어느 날 중대장이 당신이 보기에 잘못된 것으로 보이는 결정을 내렸다. 당신은 그가 가능한 한 그 결정을 취하할 수 있도록 설득하려 노력했으나 그는 이미 확고한 결단을 내렸으니 따르라고 한다. 그러나 당신의 동료 (부)소대장들과 부사관들도 모두 중대장이 잘못된 결정을 내린 것 같다는 것에 동의하고 있다.

이 상황에서 당신은 어떻게 하겠는가?

이 상황에서 당신이 ⓐ 가장 할 것 같은 행동은 무엇입니까(M)?   (   )
　　　　　　　　　ⓑ 가장 하지 않을 것 같은 행동은 무엇입니까(L)?   (   )

	보기
①	대대장에게 가서 상황을 설명하고 조언을 부탁한다.
②	소대로 돌아가서 나는 중대장의 결정에 찬성하니 모두 명령에 따라야 한다고 설득한다.
③	부사관들에게 나는 중대장의 결정에 찬성하지 않으니 다 같이 중대장의 명령을 따르지 말자고 이야기한다.
④	부사관들에게 나는 중대장의 결정에 따르지 않는다는 것을 말하고 이 상황에서 어떻게 처신하여야 할지 조언을 구한다.
⑤	소대로 돌아가서 나는 중대장의 결정에 찬성하지는 않지만 어쩔 수 없으니 명령을 일단 따르라고 이야기한다.
⑥	중대장에게 다시 가서 나는 그 결정이 문제가 있다고 생각하며 부사관들과 소대원들에게 잘못된 명령을 시행하라고 하기는 어렵다고 이야기한다.
⑦	1시간 정도가 지난 후 중대장에게 가서 대안을 제시한다.

상황판단평가								
02	M	①	②	③	④	⑤	⑥	⑦
	L	①	②	③	④	⑤	⑥	⑦

03 다음 상황을 읽고 제시된 질문에 답하시오.

> 상관인 중대장은 소대장인 당신에게 작전지역 보수에 필요한 병사 10명을 보내라고 지시하였다. 그러나 당신은 이미 중대장이 지시한 부대 내 배수로 보수업무를 병사들과 함께 수행하고 있다. 지금 중대장이 지시한 대로 병사 10명을 보내면 주어진 기한 내에 기존에 지시받은 배수로 보수업무를 끝낼 수 없다. 하지만 중대장이 지시한 대로 병사를 보내야 한다.
> 이 상황에서 당신은 어떻게 하겠는가?

이 상황에서 당신이 Ⓐ 가장 할 것 같은 행동은 무엇입니까(M)?　　　　　　　　(　)

　　　　　　　　　　　Ⓑ 가장 하지 않을 것 같은 행동은 무엇입니까(L)?　　　(　)

	보기
①	중대장에게 상황을 말하고 어떤 일을 먼저 해야 할지 지시받는다.
②	중대장에게 상황을 설명하고 배수로 보수업무 종료기한을 연장한다.
③	다른 부대에 여유 병력이 있는지 파악 후 도움을 요청한다.
④	야근을 해서라도 혼자 배수로 보수업무를 하고 작전지역 보수 3명을 보낸다.
⑤	내 임무가 우선이므로 배수로 작업을 빨리 완료한 후에 병력을 보낸다.
⑥	상관의 지시가 더욱 중요하기 때문에 병력을 우선 보내고 배수로 작업은 나중에 한다.

상황판단평가								
03	M	①	②	③	④	⑤	⑥	⑦
	L	①	②	③	④	⑤	⑥	⑦

다음 상황을 읽고 제시된 질문에 답하시오.

> 당신은 (부)소대장이다. 춘계 진지보수공사 기간 중 중대장으로부터 기간 내 개인호 보수를 완료하라고 지시를 받았다. 그러나 공사지역은 넓은 산악지형이어서 경사지, 암석 등 위험지역이 다수 있고, 안전사고가 우려된다.
>
> 당신은 안전에 문제가 있는 지역을 분대장이 판단하도록 한 후, 공사지역을 분담하여 병사들을 작업시키라고 지시하였다. 그리고 일과 중에 작업을 완료하고 결과를 보고한 후 복귀하라고 지시하였다. 이제 당신은 지시를 마치고 지휘소 텐트에서 대기하고 있다.
>
> 이 상황에서 당신은 어떻게 하겠는가?

이 상황에서 당신이 Ⓐ 가장 할 것 같은 행동은 무엇입니까(M)?　　　　　　　(　)

　　　　　　　　　　Ⓑ 가장 하지 않을 것 같은 행동은 무엇입니까(L)?　　(　)

	보기
①	분대장으로부터 공사완료 보고를 받는 즉시 부대로 복귀한다.
②	분대장으로부터 공사 진행정도를 확인한 후 현장으로 이동하여 완료여부를 확인하고 병력들을 인솔하여 안전하게 복귀한다.
③	지휘소 텐트에 대기하면서 결과보고를 받고, 수시로 현장을 감독한다.
④	공사팀이 복귀할 때까지 지휘소 텐트에서 기다린다.
⑤	공사완료 보고 즉시 중대장에게 보고하고 복귀한다.
⑥	모든 책임은 현장에 있는 분대장에게 있으므로 분대장 판단하에 공사를 완료하고 복귀하라고 지시한다.
⑦	안전이 우려되는 공사지역은 작업을 하지 말라고 지시한다.

상황판단평가							
04	M	①	②	③	④	⑤	⑥	⑦
	L	①	②	③	④	⑤	⑥	⑦

05 다음 상황을 읽고 제시된 질문에 답하시오.

> 당신은 (부)소대장이다. 최근 병사들로부터 급식의 질이 떨어져 병사들이 잔반을 많이 남기고, 영내 PX를 이용하여 식사를 해결하는 병사들이 늘어났다는 제보를 받았다. 조리병들은 그대로이고 급양감독을 실시한 결과 예전보다 급식의 질이 떨어진 것을 느꼈다.
> 이 상황에서 당신은 어떻게 하겠는가?

이 상황에서 당신이 Ⓐ 가장 할 것 같은 행동은 무엇입니까(M)?   (   )
　　　　　　　　　 Ⓑ 가장 하지 않을 것 같은 행동은 무엇입니까(L)?   (   )

보기
①	조리병들과 면담을 하고 무엇이 문제인지 개선책을 강구한다.
②	병사들이 PX를 이용하지 못하게 통제한다.
③	조리병들에게 급식의 질이 떨어진 원인에 대하여 질책한다.
④	부식납품업자에게 부실한 부식에 대하여 항의한다.
⑤	급양감독을 하면서 부실하게 먹는 병사들에게 주어진 양을 모두 먹으라고 통제한다.

상황판단평가								
05	M	①	②	③	④	⑤	⑥	⑦
	L	①	②	③	④	⑤	⑥	⑦

06 다음 상황을 읽고 제시된 질문에 답하시오.

> 당신은 소대장이다. 어느 겨울 주말, 가까운 산으로 등산을 갔는데 기온이 낮아 춥고 땅이 얼어서 힘든 등반을 하고 있었다. 그런데 산 중턱쯤에서 추위에 쓰러진 한 여성을 발견하였다. 주변에는 아무도 없고 당신 혼자 있는데, 하필 휴대폰이 터지지 않는다.
> 이 상황에서 당신은 어떻게 하겠는가?

이 상황에서 당신이 Ⓐ 가장 할 것 같은 행동은 무엇입니까(M)?　　　　　　　　　（　　）

　　　　　　　　　　　 Ⓑ 가장 하지 않을 것 같은 행동은 무엇입니까(L)?　　　　（　　）

	보기
①	여성이어서 신체접촉을 잘못 했다가는 오해받을 수 있으므로 그냥 지나간다.
②	휴대폰이 터지는 곳을 찾아서 119에 신고한다.
③	여성의 소지품을 조사하여 신원을 알아본다.
④	여성의 의식을 확인한 후 인공호흡을 한다.
⑤	다른 등산객들이 지나갈 때까지 기다린다.
⑥	저체온증이 우려되므로 따뜻한 물을 마시게 하거나 본인의 옷으로 체온을 보호하게 한 후 마사지 등으로 응급조치를 한다.
⑦	여성분을 업고 하산하여 사람들에게 도움을 청한다.

상황판단평가								
06	M	①	②	③	④	⑤	⑥	⑦
	L	①	②	③	④	⑤	⑥	⑦

07 다음 상황을 읽고 제시된 질문에 답하시오.

> 당신은 (부)소대장이다. 소대에서 후임병에게 성추행을 일삼는 병장을 발견하고 중대장에게 보고했는데, 부대 이미지 때문인지 아무런 조치가 없었다.
> 이 상황에서 당신은 어떻게 하겠는가?

이 상황에서 당신이 ⒶＡ 가장 할 것 같은 행동은 무엇입니까(M)?　　　　　　(　)

　　　　　　　ⒷＢ 가장 하지 않을 것 같은 행동은 무엇입니까(L)?　　　(　)

	보기
①	상급부대에게 보고하고 조치를 기다린다.
②	평소 친한 선임 간부에게 조언을 구한다.
③	가해자 병장을 따로 불러서 이유를 묻고 다시는 그런 행위를 하지 않겠다는 약속을 받는다.
④	군대 내에서 있을 수 있는 일이므로 조용히 넘어간다.
⑤	가해자 병장을 다른 부대로 전출시킨다.
⑥	피해자 후임병을 다른 부대로 전출시킨다.
⑦	가해자 병장에게 얼차려를 실시한다.

상황판단평가								
07	M	①	②	③	④	⑤	⑥	⑦
	L	①	②	③	④	⑤	⑥	⑦

08 다음 상황을 읽고 제시된 질문에 답하시오.

> 당신에게는 부사관으로 함께 임관한 동기가 있다. 항상 모든 규칙을 준수하며 우수하게 군 생활을 했다고
> 생각한 당신보다 군 생활 면에서는 부족하다고 생각되지만 상급자들과 자주 어울렸던 그 동기가 먼저 진
> 급을 하게 되었다.
> 이 상황에서 당신은 어떻게 하겠는가?

이 상황에서 당신이 Ⓐ 가장 할 것 같은 행동은 무엇입니까(M)?　　　　　　　(　)
　　　　　　　　　　 Ⓑ 가장 하지 않을 것 같은 행동은 무엇입니까(L)?　　　　(　)

	보기
①	진급 심사의 부당함을 토로한 후 재심사를 받을 수 있도록 요청한다.
②	부당함을 알지만 동기의 미래를 생각해 조용히 있는다.
③	억울한 마음을 동기를 불러 전달한다.
④	부당한 군 생활의 실체를 깨닫고 지속적인 군 생활보다는 최대한 빠른 제대를 선택해 일반사회 생활에 부족함이 없도록 준비한다.
⑤	상급부대에 진급 심사에 문제가 있음을 알리고 정확한 조사를 의뢰한다.
⑥	불공정하다는 게시글을 관련 홈페이지에 남기고 서명운동을 실시한다.
⑦	빠른 진급을 한 사람들에게 조언을 구해 지금보다 더 노력한다.

상황판단평가								
08	M	①	②	③	④	⑤	⑥	⑦
	L	①	②	③	④	⑤	⑥	⑦

어느 날 입대한 지 얼마 안된 이등병이 군 생활에 적응을 못해 힘들어하고 있는 것을 알게 되었다. 같이 생활하는 소대원들도 그 이등병에게 관심을 두지 않는 상황이다. 이대로는 새로 온 이등병이 탈영할 수도 있다.
이 상황에서 당신은 어떻게 하겠는가?

이 상황에서 당신이 Ⓐ 가장 할 것 같은 행동은 무엇입니까(M)? ( )
　　　　　　　　　　　　Ⓑ 가장 하지 않을 것 같은 행동은 무엇입니까(L)? ( )

보기
①	소대원들을 붙여 탈영을 못하게 감시한다.
②	분대장 보고 분대원들에게 관심을 가지라고 지시한다.
③	면담을 통하여 적응하지 못하는 이유를 확인하고 멘토를 지정하여 군대 생활을 잘할 수 있도록 지도한다.
④	분대장에게 잘 지도하지 못한 책임을 추궁한다.
⑤	소대원들에게 잘해주라고 말한다.

상황판단평가								
09	M	①	②	③	④	⑤	⑥	⑦
	L	①	②	③	④	⑤	⑥	⑦

10 다음 상황을 읽고 제시된 질문에 답하시오.

> 당신은 소대장이다. 소대로 전입으로 온 신병이 아침 점호 중 갑자기 발작증세를 보이며 쓰러졌다. 그런데 쓰러지면서 옆에 있던 축구골대에 머리를 부딪혀 얼굴에 피멍이 들었다. 이번 주말 이 신병은 가족면회가 계획되어 있다.
> 이 상황에서 당신은 어떻게 하겠는가?

이 상황에서 당신이 Ⓐ 가장 할 것 같은 행동은 무엇입니까(M)?　　　　　　(　)

　　　　　　　　　　 Ⓑ 가장 하지 않을 것 같은 행동은 무엇입니까(L)?　　　　　(　)

보기
① 옆 소대의 소대장에게 자문을 구한다.
② 부모님께 사실을 알린다.
③ 쓰러진 이후 특이사항이 없다면 다른 부대원들과 똑같이 정상생활을 하도록 지시한다.
④ 중대장에게 보고한다.
⑤ 대대장에게 보고한다.
⑥ 신병의 부모님께 이 사실을 알리고, 군의관의 진료 후 주의사항에 대한 대비를 철저히 한다.

상황판단평가							
10	M	①	②	③	④	⑤	⑥	⑦
	L	①	②	③	④	⑤	⑥	⑦

11 다음 상황을 읽고 제시된 질문에 답하시오.

> 당신은 소대장이다. 관심병사로 분류되어 있던 이모 일병의 관물대에서 자살에 대한 단어들이 적힌 노트를 발견하였다.
> 이 상황에서 당신은 어떻게 하겠는가?

이 상황에서 당신이 Ⓐ 가장 할 것 같은 행동은 무엇입니까(M)?　　　　　　　　　(　)
　　　　　　　　　　 Ⓑ 가장 하지 않을 것 같은 행동은 무엇입니까(L)?　　　　　(　)

	보기
①	중대장이나 대대장에게 보고하고, 병영생활상담관의 상담을 받도록 한다.
②	가까운 소대장에게 조언을 구한다.
③	대대장에게 긴급보고하고, 지휘조치를 받도록 한다.
④	지휘계통을 통해 보고한 후 면담 등을 통해 특별관리하도록 한다.
⑤	자주 있는 일이니 대수롭지 않게 생각하고 지켜본다.
⑥	이모 일병의 부모님께 연락하여 이상징후가 있었는지 확인한다.

상황판단평가								
11	M	①	②	③	④	⑤	⑥	⑦
	L	①	②	③	④	⑤	⑥	⑦

12 다음 상황을 읽고 제시된 질문에 답하시오.

사관학교 졸업 후 막 임관한 소위가 당신의 소대장으로 근무하게 되었다. 당신의 소대는 병사들의 평균 나이가 타 부대보다 높은 편이었는데 새로 온 소위는 대부분의 병사보다, 특히 상병이나 병장들보다 나이가 어렸다. 게다가 그는 얼굴도 어려 보이고 성격이 온순한 편이라 고참 병사들이 소위의 말에 잘 따르지 않는 경우가 많았다. 그가 나름대로 병사들과 어울리거나, 장교로서 권위를 세우고자 노력했지만 태도는 달라지지 않았다. 그가 오기 전부터 부대에서 중사로 근무하고 있던 당신은 이러다가 상명하복이 무너지지 않을까 고민이다.
이 상황에서 당신은 어떻게 하겠는가?

이 상황에서 당신이 Ⓐ 가장 할 것 같은 행동은 무엇입니까(M)?   (   )
                       Ⓑ 가장 하지 않을 것 같은 행동은 무엇입니까(L)?   (   )

	보기
①	소대원들에게 군대의 계급을 설명해 주고 군대는 계급이 우선이라는 것을 일깨워 준다.
②	소대장에게 자신감과 위엄을 가지고 소대원들에게 다가갈 수 있도록 충고해 주고 옆에서 도와준다.
③	소대원들이 소대장에게 공개 사과 및 진술서를 작성토록 한다.
④	소대원들에게 소대장의 좋은 점과 리더십에 관한 얘기를 해준다.
⑤	소대원들을 모두 모아놓고 얼차려를 부여하고 본보기로 정도가 심한 병사들을 징계한다.
⑥	소대원들 앞에서 전보다 더 깍듯하게 소대장에게 예의를 갖추고 충성심을 보여서 병사들이 얕보지 않도록 한다.
⑦	상급자에게 보고한 후 지시를 받는다.

		상황판단평가						
12	M	①	②	③	④	⑤	⑥	⑦
	L	①	②	③	④	⑤	⑥	⑦

새로운 부서에 배치된 당신은 다음 주에 있을 부서 전체 재무조사 점검 계획에 따라 기존의 자료들을 정리하는 중이다. 재무조사에 관련된 서류들을 점검해 보았더니, 전임자가 정리하지 않고 간 자료들이 너무 많아서 일주일 내내 밤을 새워야 겨우 정리를 할 수 있을 정도이다.
이 상황에서 당신은 어떻게 하겠는가?

이 상황에서 당신이 Ⓐ 가장 할 것 같은 행동은 무엇입니까(M)?　　　　　　　　　　（　　）
　　　　　　　　　　　Ⓑ 가장 하지 않을 것 같은 행동은 무엇입니까(L)?　　　　　（　　）

보기
① 다 못한 것을 인정하고 다 한 것만이라도 점검받는다.
② 지휘관에게 상황을 보고한 후 조치받는다.
③ 전임자에게 전화를 해서 조언을 얻어 할 수 있는 데까지 처리한다.
④ 도움을 받을 수 있는 동료들을 구해서 함께 자료정리를 한다.
⑤ 일주일 내내 밤을 새워서라도 정리한다.
⑥ 이전 자료는 정리되지 않은 상태대로 그냥 두고, 내가 배치를 받은 날부터 새로 서류를 작성한다.

		상황판단평가						
13	M	①	②	③	④	⑤	⑥	⑦
	L	①	②	③	④	⑤	⑥	⑦

14 다음 상황을 읽고 제시된 질문에 답하시오.

> 당신은 A함대 소속 부사관으로 이번에 B함대로 옮기게 되었다. B함대에는 다음 주 월요일부터 출근하면 되는데, A함대에서 그동안 휴가도 제대로 못 다녀오고 고생했다며 쉬고 가라고 배려해 주어서 이번 주 수요일까지만 출근하게 되었다. 이 덕분에 목요일부터 일요일까지 쉴 수 있게 되었다. 그런데 알고 보니 지금 B함대에서는 사람이 부족해서 하루 빨리 당신이 왔으면 하는 상황이라고 한다. 이 상황에서 당신은 어떻게 하겠는가?

이 상황에서 당신이 Ⓐ 가장 할 것 같은 행동은 무엇입니까(M)? (   )
　　　　　　　　　　 Ⓑ 가장 하지 않을 것 같은 행동은 무엇입니까(L)? (   )

	보기
①	B함대에 바로 출근하여 업무를 인수받은 후, 추후에 휴가를 받는다.
②	새로 옮기게 되는 만큼 B함대에 바로 출근하여 많은 도움이 되도록 노력한다.
③	1~2일 정도 적절한 휴식을 취한 후 출근한다.
④	전 부대에서도 쉬지 못했기 때문에 재충전을 위해 쉬고, 원래 일정에 따라 출근한다.
⑤	B함대에 연락해 보고 본인이 정말 필요한 상황이라면, 바로 출근한다.

상황판단평가								
14	M	①	②	③	④	⑤	⑥	⑦
	L	①	②	③	④	⑤	⑥	⑦

당신은 얼마 전 임관한 하사로 부대 내 전반적인 행정업무를 담당하게 되었다. 당신이 처리하는 서류와
공문은 모두 부대 내 전산망을 통해 처리된다. 그러나 당신은 아직 부대용어도 생소하고 어려울 뿐 아니라
업무와 관련된 전산업무를 처리하는 절차도 잘 알지 못한다. 당신과 함께 일하는 선배들은 계급이 높고
본인들 업무로 바쁘며, 같이 업무를 처리해야 할 행정병들은 당신보다 나이가 많을 뿐 아니라 아직 충분히
친하지 않은 상태라서 업무에 대해 물어볼 사람이 마땅치 않다.
이 상황에서 당신은 어떻게 하겠는가?

이 상황에서 당신이 Ⓐ 가장 할 것 같은 행동은 무엇입니까(M)?　　　　　　　(　)
　　　　　　　　　　　Ⓑ 가장 하지 않을 것 같은 행동은 무엇입니까(L)?　　　　(　)

보기
①	선배 및 행정병들과 친해지며 노력하여 일을 하루빨리 배울 수 있도록 한다.
②	이전 서류 및 책을 보면서 밤을 새워서라도 독학한다.
③	행정병에게 전산업무 처리를 부탁하여 옆에서 보면서 업무를 익힌다.
④	시간이 지나면 알 수 있을 것이기 때문에 조급해 하지 않고, 묵묵히 열심히 일한다.
⑤	부서장에게 보고 후 상황을 설명하고 조언을 구한다.

상황판단평가								
15	M	①	②	③	④	⑤	⑥	⑦
	L	①	②	③	④	⑤	⑥	⑦

01 다음 상황을 읽고 제시된 질문에 답하시오.

부대관리

당신은 소대장이다. 당신의 소대의 김 병장이 사격에 쓰는 실탄 한 발을 숨겼다가 적발되었다. 김 병장은 전역을 앞두고 기념할 만한 물건을 모은 것이지 다른 의도로 숨길 생각은 없었다고 변명을 하는 상황이다. 이 상황에서 당신은 어떻게 하겠는가?

이 상황에서 당신이 ⓐ 가장 할 것 같은 행동은 무엇입니까(M)? ( )
ⓑ 가장 하지 않을 것 같은 행동은 무엇입니까(L)? ( )

보기
① 같은 일이 반복되지 않도록 소대 전체 정신 교육을 실시한다.
② 중대장에게 보고하고 규정대로 처리한다.
③ 전역을 앞둔 병사이니 실탄을 압수하고 조용히 마무리한다.
④ 해당 병사를 규정대로 벌하고, 총기 탄약 점검을 실시한다.
⑤ 전역을 앞두었다 하더라도 후임 병사들에게 모범이 되지 못했으므로 모두 보는 데서 얼차려를 준다.
⑥ 중대장에게 보고하여 해당 병사의 전역 날짜를 연기한다.

상황판단평가								
01	M	①	②	③	④	⑤	⑥	⑦
	L	①	②	③	④	⑤	⑥	⑦

02 다음 상황을 읽고 제시된 질문에 답하시오.

> 당신이 (부)소대장으로 있는 소대는 겉으로 보기에는 서로 잘 협력하여 운영되는 것 같았지만 실제로는 예전부터 병사들의 월급 중 매달 2만 원씩 걷어서 복무를 마치고 전역하는 병장에게 주는 악습이 존재한다는 것을 알게 되었다. 병사들은 모두 부당하다는 것을 알지만 처음에는 선임병들이 시키기 때문에 어쩔 수 없이 따르다 나중에는 본인이 낸 돈이 아까워서 이 악습을 끊지 못하고 있다.
> 이 상황에서 당신은 어떻게 하겠는가?

이 상황에서 당신이 Ⓐ 가장 할 것 같은 행동은 무엇입니까(M)? ( )
　　　　　　　　　　 Ⓑ 가장 하지 않을 것 같은 행동은 무엇입니까(L)? ( )

보기
① 밖으로 새어나가면 간부도 관리책임을 져야 하므로 다른 간부들과 상의해서 부대 내에서 조용히 처리할 수 있는 방법을 강구한다.
② 중대장에게 부대 내 악습에 대해서 보고하고 관련자들을 처벌하며 부조리에 대한 교육을 실시한다.
③ 모든 병사들을 집합시켜 얼차려를 주고 다시는 그런 일이 없도록 단속한다.
④ 주도한 일부 선임들을 선별해 다른 부대로 전출시킨다.
⑤ 선임병들을 불러 큰 사건임을 인식시킨 후 약간의 희생을 감수하며 그동안의 악습을 폐지할 수 있도록 사건을 상부에 보고하지 않겠다는 내용으로 설득한다.
⑥ 병사들의 월급을 당신이 직접 관리하고 전역할 때 목돈을 만들어 줌으로써 그러한 악습이 발생하지 않도록 한다.
⑦ 이전에 전역한 병사들까지 연락해서 받았던 돈을 회수하여 돌려준다.

상황판단평가								
02	M	①	②	③	④	⑤	⑥	⑦
	L	①	②	③	④	⑤	⑥	⑦

> 당신은 1중대 1(부)소대장이다. 당신에게는 5분 전투대기 부대 (부)소대장(이번 주), 주둔지 울타리 보수 (수요일), 병력관리실태 수검(목요일), 개인화기 사격측정(다음 주 화요일), 매복작전(다음 주 수요일), 당 직근무(다음 주 목요일) 등 임무가 산적해 있다. 일과 후 2중대 동기로부터 저녁 식사를 함께하자는 문자 를 받았다.
> 이 상황에서 당신은 어떻게 하겠는가?

이 상황에서 당신이 Ⓐ 가장 할 것 같은 행동은 무엇입니까(M)?　　　　　　　　(　)
　　　　　　　　　　 Ⓑ 가장 하지 않을 것 같은 행동은 무엇입니까(L)?　　　　　(　)

보기	
①	5분 전투대기 (부)소대장으로서 나갈 수 없다고 문자를 보낸다.
②	우선 급한 일을 빨리 매듭짓고 나간다고 문자를 보낸다.
③	부대일이 많이 산적해 있고 무리한 업무수행으로 피곤해서 못 나간다고 문자를 보낸다.
④	모든 것을 던져놓고 무조건 나간다.
⑤	동기와 아주 절친이기 때문에 빨리 업무를 종결하고 약속장소로 나간다.

상황판단평가								
03	M	①	②	③	④	⑤	⑥	⑦
	L	①	②	③	④	⑤	⑥	⑦

04 다음 상황을 읽고 제시된 질문에 답하시오.

> 당신은 소대장으로 부임하여 소대원 교육을 위한 표준교안을 작성하던 중 부소대장이 작성한 교안을 검토한 결과 교범과 무관한 내용이 다수 포함되어 있었다는 것을 발견하였다. 그런데 당신은 교육과정을 통해 표준실습계획표를 작성하고 교범에 있는 내용대로 작성하라고 교육을 받았다. 부소대장은 교관경력도 꽤 되고 평소 부대에서 인정받는 간부이다. 그런데 부소대장이 작성한 교안은 교범보다 자신의 경험과 부대의 관행 위주로 작성되어 있다. 당신은 교안을 재작성하라고 지시하였으나 부소대장은 과거로부터 이러한 방식으로 작성해 왔으며 재작성은 불필요하다고 답변하였다.
> 이 상황에서 당신은 어떻게 하겠는가?

이 상황에서 당신이 ⓐ 가장 할 것 같은 행동은 무엇입니까(M)?　　　　　　　　　(　　)
　　　　　　　　　ⓑ 가장 하지 않을 것 같은 행동은 무엇입니까(L)?　　　　(　　)

보기
① 　중대장에게 보고하여 어떻게 하면 좋을지 상의한다.
② 　교범대로 재작성할 것을 다시 한 번 당부한다.
③ 　비슷한 경험을 했을 수 있는 인접 부대 고참에게 조언을 구한다.
④ 　부소대장을 설득하여 함께 협력하여 보고서를 다시 작성한다.
⑤ 　부대 관례임을 납득하고 융통성을 발휘한 부소대장을 칭찬한다.
⑥ 　책임이 나에게 있으므로 나 혼자 그냥 교안을 수정한다.

상황판단평가								
04	M	①	②	③	④	⑤	⑥	⑦
	L	①	②	③	④	⑤	⑥	⑦

05 다음 상황을 읽고 제시된 질문에 답하시오.

> 당신의 소대원 중 일병이 최근 여자친구와의 불화로 힘들어 하고 있다. 하루는 상사인 당신에게 찾아와 특별휴가를 부탁하면서 여자친구를 만나고 올 수 있게 해달라고 사정한다.
>
> 이 상황에서 당신은 어떻게 하겠는가?

이 상황에서 당신이 Ⓐ 가장 할 것 같은 행동은 무엇입니까(M)?　　　　　　　(　　)

　　　　　　　　　　 Ⓑ 가장 하지 않을 것 같은 행동은 무엇입니까(L)?　　　(　　)

보기	
①	소대장에게 가서 상황을 설명하고, 조언을 부탁한다.
②	친한 선임 장교에게 상황을 설명하고, 조언을 부탁한다.
③	일병의 괴로움을 헤아려서 특별휴가를 준다.
④	일병의 선임병들을 불러서 상황을 설명하고, 해결책을 모색한다.
⑤	군 규정상 허용할 수 없는 부탁이라고 말하며 거절한다.
⑥	여자친구에게 직접 연락해서 면회 올 것을 부탁한다.
⑦	정서적인 안정을 취하게 하고, 군 생활에 적응할 수 있게 돕는다.

상황판단평가								
05	M	①	②	③	④	⑤	⑥	⑦
	L	①	②	③	④	⑤	⑥	⑦

PART 2

모의고사

다음 상황을 읽고 제시된 질문에 답하시오.

> 당신은 부소대장이다. 부대 내 전 지역은 금연구역으로 지정되어 있다. 어느 날 숙소로 귀가하다가 부대
> 야간 경계보초를 서는 병사 한 명이 초소 뒤에서 흡연하는 광경을 목격하였다.
> 이 상황에서 당신은 어떻게 하겠는가?

이 상황에서 당신이 Ⓐ 가장 할 것 같은 행동은 무엇입니까(M)? (   )

　　　　　　　　　　 Ⓑ 가장 하지 않을 것 같은 행동은 무엇입니까(L)? (   )

보기
① 초소 근무 병사들만의 고민을 공유하고 있는 자리인 만큼 방해하지 않는다.
② 해당 병사를 관리하는 간부를 불러 상황을 설명한다.
③ 중대장에게 보고하고 지시하는 대로 따른다.
④ 해당 병사들을 불러 혼을 낸다.
⑤ 해당 병사들을 부대 징계규정에 따라 처리한다.
⑥ 해당 병사들의 관물대를 확인하여 담배를 압수한다.

상황판단평가								
06	M	①	②	③	④	⑤	⑥	⑦
	L	①	②	③	④	⑤	⑥	⑦

07 다음 상황을 읽고 제시된 질문에 답하시오.

> 당신은 ○○대대 군수업무 담당관이다. 부대 취사식당 재무조사 중 일부 품목의 종류와 수량이 차이가 나서 확인 결과 취사장을 담당하고 있는 행정보급관(원사)의 요구로 취사담당관이 불출했다고 진술하였다. 행정보급관(원사)는 일부는 병사들 간식으로, 잔여분은 개인이 가져간 것으로 의심된다.
> 이 상황에서 당신은 어떻게 하겠는가?

이 상황에서 당신이 Ⓐ 가장 할 것 같은 행동은 무엇입니까(M)?　　　　　　　(　)
　　　　　　　　　　　Ⓑ 가장 하지 않을 것 같은 행동은 무엇입니까(L)?　　　(　)

보기
① 상급부대에 보고하여 조치를 받는다.
② 원사의 행동이 잘못된 사항이라고 언론에 제보한다.
③ 중대장에게 관련된 사실을 알리고 어떻게 해야 하는지 물어본다.
④ 사용처에 대해서 확인해 보고 군사경찰에 수사를 의뢰한다.
⑤ 원사에게 어떻게 사용했는지 물어보고 따진다.

상황판단평가								
07	M	①	②	③	④	⑤	⑥	⑦
	L	①	②	③	④	⑤	⑥	⑦

08 다음 상황을 읽고 제시된 질문에 답하시오.

> 당신이 속한 팀의 훈련프로그램이 성공리에 마무리되었다. 이에 따라 부대 창설기념 행사에서 팀장급인 원사가 대표로 나서 훈련프로그램 결과를 보고하였고 원사는 이달의 우수 부대원으로 선정되었다. 모두가 함께한 성공적인 훈련 결과였는데 원사에게에만 특별휴가 3일이 지급되었고, 당신을 포함한 팀원 4명에게는 별다른 보상이 주어지지 않았다.
> 이 상황에서 당신은 어떻게 하겠는가?

이 상황에서 당신이 Ⓐ 가장 할 것 같은 행동은 무엇입니까(M)?   (   )

　　　　　　　　　Ⓑ 가장 하지 않을 것 같은 행동은 무엇입니까(L)?   (   )

보기	
①	왜 원사인 팀장에게만 특별휴가가 지급된 것인지 원사에게 직접 물어본다.
②	원사가 특별휴가를 사용하는 날에 맞춰 자신도 휴가를 신청한다.
③	원사에게 자신을 포함한 팀원들은 언제 휴가를 가면되는지 자연스럽게 물어본다.
④	원사가 휴가를 받은 데는 프로그램 성공 외에도 다른 이유가 있을 것이라 생각하며 스스로 위로한다.
⑤	원사보다 높은 직급에 있는 과장급인 소령에게 팀원들에게는 휴가가 주어지지 않는지 여쭤본다.

상황판단평가								
08	M	①	②	③	④	⑤	⑥	⑦
	L	①	②	③	④	⑤	⑥	⑦

09 다음 상황을 읽고 제시된 질문에 답하시오.

> 당신은 A중대에 새로 부임한 중대장이다. 처음 한 달간 부대 분석을 수행한 결과 부대의 가장 큰 문제는 부사관들의 업무범위가 모호하다는 데 있음을 알게 되었다. 그래서 당신은 임기 중에 부사관들의 업무범위를 확정하고, 명확한 임무분담을 가장 시급한 과제로 추진하려고 한다. 그러나 잇따른 상급부대의 지시와 중대훈련 임무수행으로 인해 제대로 하지 못하고 있다. 당신은 부대 현안 임무수행과 당면과제(부사관 업무조정)를 어떻게 조율해야 할지 고민이다.
> 이 상황에서 당신은 어떻게 하겠는가?

이 상황에서 당신이 ⒜ 가장 할 것 같은 행동은 무엇입니까(M)? (   )

⒝ 가장 하지 않을 것 같은 행동은 무엇입니까(L)? (   )

보기
①	상급부대 지시와 중대훈련 임무가 우선이므로 부사관 업무조정이 큰 당면과제이더라도 뒤로 미룬다.
②	상급부대에 문의하여 중대 내 당면과제를 먼저 할 수 있도록 일정을 조정한다.
③	임무분담이 잘 되어야 훈련도 잘 되므로, 상급부대 지시 및 중대훈련을 임의로 뒤로 미루고 업무를 먼저 조정한다.
④	부사관들에게 각자 자신의 업무를 파악해서 제출하도록 하여 현안 임무수행과 업무조정을 동시에 한다.
⑤	행정보급관과 이야기하여 일을 분담하여 업무가 과중하더라도 모두 처리한다.
⑥	분대장이나 선임 소대장에게 부사관 업무분담을 하도록 지시하고 나는 부대 현안 임무수행을 한다.

상황판단평가							
09	M	①	②	③	④	⑤	⑥	⑦
	L	①	②	③	④	⑤	⑥	⑦

10 다음 상황을 읽고 제시된 질문에 답하시오.

> 당신은 훈육업무와 함께 교육생 관리 업무를 담당하고 있다. 모처럼 휴가를 내고 가족들과 쉬고 있던 어느 날 밤 늦은 시각에 부대에서 집단 배탈 사고가 발생하였다. 야간업무를 수행하던 당신의 부하들인 훈육관과 조교는 당황하여, 휴가 중인 당신에게 연락을 취하였다.
>
> 이 상황에서 당신은 어떻게 하겠는가?

이 상황에서 당신이 Ⓐ 가장 할 것 같은 행동은 무엇입니까(M)?　　　　　　　　(　)
　　　　　　　　　　Ⓑ 가장 하지 않을 것 같은 행동은 무엇입니까(L)?　　(　)

보기
① 훈육관과 조교에게 담당자로서의 역할을 인식시키고 알아서 처리할 것을 종용한다.
② 전화로 사고소식을 부서장 및 상황실에 보고하여 지시에 따른다.
③ 군의관에게 연락하여 현장으로 가도록 지시한 후 추후상황을 보고 받는다.
④ 유선으로 상부에 사전 보고하고, 환자 이송을 요청한 후 쉰다.

상황판단평가								
10	M	①	②	③	④	⑤	⑥	⑦
	L	①	②	③	④	⑤	⑥	⑦

다음 상황을 읽고 제시된 질문에 답하시오.

> 당신은 부소대장이다. 중대장으로부터 정찰임무를 부여받고 일몰 전에 산을 정찰하다가 시간이 지체되면서 어두워지자 소대장은 효율적으로 정찰하고자 두 조로 나누어 자신과 당신이 따로 정찰하면서 하산해 부대로 복귀하자고 한다. 그런데 부대에서 수년간 근무한 당신의 경험상 소대장이 아직 지형지물을 파악하지 못한 상태라 매우 위험하다고 판단되었다.
> 이 상황에서 당신은 어떻게 하겠는가?

이 상황에서 당신이 Ⓐ 가장 할 것 같은 행동은 무엇입니까(M)?　　　　　　　　(　)
　　　　　　　　　　Ⓑ 가장 하지 않을 것 같은 행동은 무엇입니까(L)?　　　　(　)

보기	
①	당신의 염려를 이야기하고 지체되더라도 당신과 함께 정찰할 것을 제안한다.
②	일단 소대장의 명령에 따라 부대에 복귀한 후에 두 조로 나누어 정찰한 것은 좋지 않은 방법이었다고 토로한다.
③	중대장에게 보고하여 소대장의 의견대로 정찰업무를 수행해도 되는지 물어 보고, 지시를 듣는다.
④	소대장의 의견이 매우 위험한 것임을 알리고, 그러한 지시를 받아들일 수 없다고 거부한다.
⑤	일단 소대장이 지시한 대로 행동하되 위험한 부분에 대해 설명하고, 경험이 많은 분대장을 소대장에게 붙인다.
⑥	시간이 늦어 어두워졌으니 안전사고를 우려해 예방 차원에서 바로 하산하자고 한다.
⑦	중대장의 지시사항이니 무조건 정찰을 함께 해야 한다고 한다.

상황판단평가								
11	M	①	②	③	④	⑤	⑥	⑦
	L	①	②	③	④	⑤	⑥	⑦

12 다음 상황을 읽고 제시된 질문에 답하시오.

당신은 부소대장으로 부대원들의 고충을 들어주고, 부대 내의 상담을 맡고 있다. 어느 날 소대원들 중 한 상병이 찾아와서, M병장이 1년 전부터 소대원들에게 천 원에서 만 원까지 여러 번에 걸쳐 돈을 빌리고 갚지 않으며, 계속 돈을 빌려 달라고 요구하고 있어서 힘들다고 토로하였다. 평소 성실하고 성격도 좋은 M병장에게 좋은 인상을 갖고 있던 당신은 그 사실이 충격적이다.
이 상황에서 당신은 어떻게 하겠는가?

이 상황에서 당신이 Ⓐ 가장 할 것 같은 행동은 무엇입니까(M)? ( )
　　　　　　　　　 Ⓑ 가장 하지 않을 것 같은 행동은 무엇입니까(L)? ( )

	보기
①	다시는 이런 일이 없도록 지휘관에게 보고한 후 규정에 따라 조치한다.
②	M병장에게 지금까지 빌린 돈을 직접 받아서 소대원에게 돌려준다.
③	M병장에게 돈을 빌릴 만한 무슨 문제가 있는지 상담하고 스스로 갚도록 지시한다.
④	M병장을 불러 꾸중한 다음 다시는 그런 일이 없도록 약속을 받는다.
⑤	우선 내 사비를 들여서라도 금전 관계를 정리하고 M병장에게 필요하다면 나에게 돈을 꾸라고 말한다.
⑥	전 대원에게 금전 사고 관련 시청각교육을 실시한다.

상황판단평가								
12	M	①	②	③	④	⑤	⑥	⑦
	L	①	②	③	④	⑤	⑥	⑦

13 다음 상황을 읽고 제시된 질문에 답하시오.

당신은 소대장이다. 당신의 소대 생활관을 지나다가 당신의 소대원들이 당신에 대한 험담을 하는 것을 우연히 듣게 되었다.
이 상황에서 당신은 어떻게 하겠는가?

이 상황에서 당신이 Ⓐ 가장 할 것 같은 행동은 무엇입니까(M)? ( )
　　　　　　　　　　　　Ⓑ 가장 하지 않을 것 같은 행동은 무엇입니까(L)? ( )

보기	
①	다른 소대장들에게 도움을 구한다.
②	당신에 대해 험담을 한 소대원들에게 완전군장을 하고 연병장 50바퀴 뛰기를 시킨다.
③	험담을 하지 않은 소대원들을 불러 당신이 험담하는 내용을 들었음을 알려 준다.
④	당신에 대해 험담을 한 소대원들에게 얼차려를 준다.
⑤	험담하는 내용을 듣고 당신이 잘못한 점에 대해 반성한다.
⑥	듣고도 못들은 척 한다.
⑦	험담을 한 소대원들에게 맛있는 것을 사주면서 진심이 아니었음을 어필한다.

상황판단평가								
13	M	①	②	③	④	⑤	⑥	⑦
	L	①	②	③	④	⑤	⑥	⑦

> 당신은 당직근무 중인 소대장이다. 당신의 소대에는 오늘 휴가에서 복귀한 병사 1명이 있는데, 체온을 재 보니 열이 38℃가 넘고, 설사와 두통, 구토를 동반한 증세를 보이고 있다. 병사에게 물어보니 지난 밤 친구들과 클럽에서 늦은 시간까지 놀다가 그 다음 날인 오늘 바로 복귀한 것으로 파악되었다.
> 이 상황에서 당신은 어떻게 하겠는가?

이 상황에서 당신이 Ⓐ 가장 할 것 같은 행동은 무엇입니까(M)?   (   )
               Ⓑ 가장 하지 않을 것 같은 행동은 무엇입니까(L)?   (   )

보기	
①	체온이 내려갈 때까지 해열제를 투약한다.
②	복귀병사를 우선 격리시키고, 관찰 후 체온에 변화가 없으면 119로 후송한다.
③	군의관을 불러 치료받도록 조치한다.
④	민간 병원에 즉시 이송한다.
⑤	평소에도 미열이 자주 있던 병사이므로 우선 생활관으로 복귀시킨다.
⑥	대대장에게 즉시 보고한다.

상황판단평가								
14	M	①	②	③	④	⑤	⑥	⑦
	L	①	②	③	④	⑤	⑥	⑦

15 다음 상황을 읽고 제시된 질문에 답하시오.

> 당신은 A함대의 부사관이다. 당신의 상관은 업무를 애매하게 지시하는 경우가 많다. 이번에도 장마가 오기 전 배수로 청소를 하는데, 당신의 상관은 "깨끗이 청소하라"는 지시만 내려서 부대원들이 청소 후 나오는 각종 쓰레기들을 어떻게 처리할지 몰라 여기저기 쌓아두었다. 나중에서야 "분리수거하라"는 명령을 내려서 작업시간이 두 배로 들었다. 이렇게 불명확한 업무지시로 불필요한 업무량이 많아지면서 부대원들이 서로 불만을 토로하고 있다.
> 이 상황에서 당신은 어떻게 하겠는가?

이 상황에서 당신이 ⓐ 가장 할 것 같은 행동은 무엇입니까(M)? ( )
　　　　　　　　　　ⓑ 가장 하지 않을 것 같은 행동은 무엇입니까(L)? ( )

보기
① 지시를 받을 때, 상관에게 어떻게 할 것인지 한 번 더 꼼꼼히 물어본다.
② 모호한 지시를 받더라도, 부가적으로 필요한 사항이 없는가에 대해 스스로 한번 더 생각한 후 시행한다.
③ 이런 일은 구체적으로 지시받지 않아도 알아서 하는 일이라고 부대원들을 다독여서 임무를 완수한다.
④ 상관에게 대원들의 불만사항을 전달하여 잘못된 점을 고칠 수 있도록 한다.
⑤ 작업 시 음료수 등을 사주어 독려하고, 같이 작업에 참여한다.

상황판단평가								
15	M	①	②	③	④	⑤	⑥	⑦
	L	①	②	③	④	⑤	⑥	⑦

제**3**회 모의고사

01 다음 상황을 읽고 제시된 질문에 답하시오.   지휘통솔

> 당신은 소대장이다. 유격 훈련 기간 11m 높이 막타워 강하 훈련을 하는 중 소대의 막내인 정 이병이 착지를 하다 줄을 놓쳐 땅바닥으로 추락하였고, 그대로 정신을 잃었다.
> 이 상황에서 당신은 어떻게 하겠는가?

이 상황에서 당신이 Ⓐ 가장 할 것 같은 행동은 무엇입니까(M)?   (   )
　　　　　　　　　 Ⓑ 가장 하지 않을 것 같은 행동은 무엇입니까(L)?   (   )

	보기
①	해당 부소대장에게 병사 상태를 계속 확인하라고 지시한다.
②	의무병을 불러 치료하도록 한다.
③	정 이병의 동공을 확인한다.
④	정 이병에게 달려가 상황을 파악하고, 군의관을 호출하여 진료하도록 한다.
⑤	정 이병의 상태를 확인하고 의식이 돌아오면 다음 훈련까지 참석시킨다.
⑥	해당 장소로 뛰어가 다친 곳을 확인한다.

상황판단평가								
01	M	①	②	③	④	⑤	⑥	⑦
	L	①	②	③	④	⑤	⑥	⑦

02 다음 상황을 읽고 제시된 질문에 답하시오.

당신은 소대장이다. 2주 후에 중대전술훈련이 예정되어 있는데 기상예보를 보니 황사특보가 접수된 상황이다. 그런데 이번 훈련에서 위장막 설치법을 반복·숙달하라는 지시를 중대장으로부터 받은 상태이다. 황사특보에도 병사들은 외부에서 훈련을 계속 진행해야 한다.
이 상황에서 당신은 어떻게 하겠는가?

이 상황에서 당신이 Ⓐ 가장 할 것 같은 행동은 무엇입니까(M)? (   )
　　　　　　　　　　　Ⓑ 가장 하지 않을 것 같은 행동은 무엇입니까(L)? (   )

보기	
①	중대장의 지시사항인 만큼 어떠한 상황에서도 적극적으로 훈련에 임한다.
②	조를 나누어 실내훈련과 실외훈련을 함께 병행한다.
③	실내훈련으로 전환하여 실시한다.
④	훈련을 연기할 것을 중대장에게 건의한다.
⑤	훈련을 빨리 마치고 조기복귀할 수 있도록 노력한다.
⑥	마스크를 착용하고 훈련에 열심히 임한다.

상황판단평가								
02	M	①	②	③	④	⑤	⑥	⑦
	L	①	②	③	④	⑤	⑥	⑦

> 당신은 1중대 1(부)소대장이다. 이번 달에 중대 전투력 측정을 실시하였는데 유독 당신의 소대가 저조한 성적을 보였고 이로 인해 중대장에게 심한 질책성 발언을 들었다.
> 이 상황에서 당신은 어떻게 하겠는가?

이 상황에서 당신이 Ⓐ 가장 할 것 같은 행동은 무엇입니까(M)?　　　　　　　　　(　)
　　　　　　　　　　Ⓑ 가장 하지 않을 것 같은 행동은 무엇입니까(L)?　　　　(　)

보기
① 저조한 성적이 나온 이유에 대하여 해명한다.
② 소대의 자질이 부족해서 좋은 성적이 나올 수 없다고 핑계를 한다.
③ 제대로 준비 못한 책임을 인정하고, 부족한 부분을 심층적으로 분석한 후 다음에 좋은 성적이 나올 수 있도록 계획하고 실행한다.
④ 중대장으로부터 질책을 받았다고 소대원들을 집합시켜 놓고 원인규명을 한다.
⑤ 성적이 저조한 인원에 대하여 외박 등 개인 기본권을 제한시키고, 성적이 오를 경우 해제한다고 한다.

상황판단평가								
03	M	①	②	③	④	⑤	⑥	⑦
	L	①	②	③	④	⑤	⑥	⑦

당신은 소대장이다. 지금은 휴가기간으로 친구들과의 음주모임에 나갔다가 아무런 이유 없이 시비를 거는 민간인과 마찰이 벌어졌다. 그래서 서로 욕설과 폭행이 오고가는 상황이 되었다. 친구는 몹시 흥분한 상태에서 행동이 과격해지기 시작했다.
이 상황에서 당신은 어떻게 하겠는가?

이 상황에서 당신이 Ⓐ 가장 할 것 같은 행동은 무엇입니까(M)?   (   )
           Ⓑ 가장 하지 않을 것 같은 행동은 무엇입니까(L)?   (   )

보기
①	군사경찰에 즉각 사실을 보고한다.
②	주변사람들에게 적극적으로 도움을 요청한다.
③	시비에 휘말리지 않기 위하여 경찰에 신고한다.
④	상황을 회피하기 위해 신속히 자리를 피한다.
⑤	민간인의 도발로 시작된 사건이고 현재 사복차림이므로 민간인인 체하고 맞대응한다.
⑥	서로 취한 상태여서 일이 더 커질 수 있으므로 민간인에게 사과하고 끝낸다.
⑦	흥분한 친구를 진정시키고 민간인과 이성적으로 해결하기 위한 대화를 시도한다.

상황판단평가								
04	M	①	②	③	④	⑤	⑥	⑦
	L	①	②	③	④	⑤	⑥	⑦

다음 상황을 읽고 제시된 질문에 답하시오.

> 소대원들과 추계 진지보수공사에 나간 당신은 일주일째 작업을 하고 있다. 그런데 같이 작업을 하는 선임 중사는 자신의 소대원들에게만 편한 일을 시킨다. 이것을 알고 있는 소대원들도 불만이 많고, 당신도 불공평한 일 분배에 어려움을 느낀다.
> 이 상황에서 당신은 어떻게 하겠는가?

이 상황에서 당신이 Ⓐ 가장 할 것 같은 행동은 무엇입니까(M)?   (　　)
　　　　　　　　　　　　Ⓑ 가장 하지 않을 것 같은 행동은 무엇입니까(L)?   (　　)

보기
① 중대장에게 가서 상황을 설명하고, 시정을 요청한다.
② 군인은 맡은 임무에 충실해야 하기 때문에 불만 없이 일한다.
③ 소대원들에게 간식을 사주고 조금만 더 참고 일을 마무리하자고 달랜다.
④ 다른 선임 부사관들에게 상황을 설명하고 도움을 요청한다.
⑤ 선임 중사에게 직접 작업의 어려움을 설명한다.
⑥ 소대원들의 작업을 중지시키고 선임 중사의 지시를 거부한다.
⑦ 일단 지시를 받은 작업을 마무리한 다음에 불만사항을 중대장에게 보고한다.

상황판단평가								
05	M	①	②	③	④	⑤	⑥	⑦
	L	①	②	③	④	⑤	⑥	⑦

다음 상황을 읽고 제시된 질문에 답하시오.

> 당신은 부소대장이다. C 일병이 문서 인쇄를 하기 위해 소대장의 컴퓨터 전원을 누르는 순간, 펑 소리와 함께 컴퓨터 본체와 모니터가 켜지지 않는다. 소대장은 다른 사람이 자신의 물건을 만지는 것을 무엇보다 싫어한다. 예전에 같은 일이 생겼을 때 소대장은 소대원들에게 모두 얼차려를 주는 등 호되게 벌을 준 것으로 유명하다.
> 이 상황에서 당신은 어떻게 하겠는가?

이 상황에서 당신이 Ⓐ 가장 할 것 같은 행동은 무엇입니까(M)?   (   )

                        Ⓑ 가장 하지 않을 것 같은 행동은 무엇입니까(L)?   (   )

보기	
①	소대장보다 더 심하게 소대원들을 벌준다.
②	미리 얼차려 자세를 하고 있도록 지시한다.
③	당신이 한 것이 아니므로 모르는 척 한다.
④	소대원들과는 비밀에 부치기로 한다.
⑤	소대장에게 사실대로 보고한다.
⑥	부소대장으로서 모든 책임을 진다.

상황판단평가								
06	M	①	②	③	④	⑤	⑥	⑦
	L	①	②	③	④	⑤	⑥	⑦

당신은 (부)소대장이다. 당신의 부하 중 한 명이 과도한 음주와 사행성 오락으로 인해 업무에 막대한 지장을 초래하고 있다. 수시로 해당 간부에게 하지 말 것을 요구했으나 잘 이행되지 않고 있다. 그대로 방치했을 경우 사고로 이어질 우려도 있다. 중대장에게도 이 사실을 알렸으나 미온적 조치로 인해 시정이 안 되었다.

이 상황에서 당신은 어떻게 하겠는가?

이 상황에서 당신이 Ⓐ 가장 할 것 같은 행동은 무엇입니까(M)?　　　　　　(　)

　　　　　　　　　Ⓑ 가장 하지 않을 것 같은 행동은 무엇입니까(L)?　　　(　)

	보기
①	대대장에게 보고하고 조치를 기다린다.
②	인접 동료에게 도움을 요청하고 해결방법을 토의한다.
③	해당 간부를 징계해줄 것을 중대장에게 요청한다.
④	해당 간부의 행위가 외부로 알려 질 경우 부대의 명예가 실추되므로 정신교육을 하고 무마한다.
⑤	해당 간부를 불러 차후에도 계속 행위가 지속될 경우 징계할 것이라고 말한다.

상황판단평가								
07	M	①	②	③	④	⑤	⑥	⑦
	L	①	②	③	④	⑤	⑥	⑦

다음 상황을 읽고 제시된 질문에 답하시오.

> 당신은 (부)소대장이다. 당신의 부하 중 경계근무를 서던 상병이 일병에게 일반수칙을 숙지하지 않았다는 이유로 후임병에게 머리박기 등을 시키고 며칠 후에 내가 몸이 아프니 대신 근무를 서라는 등 부당한 지시를 한 사실을 인지했다.
> 이 상황에서 당신은 어떻게 하겠는가?

이 상황에서 당신이 Ⓐ 가장 할 것 같은 행동은 무엇입니까(M)? （　　）

　　　　　　　　　　 Ⓑ 가장 하지 않을 것 같은 행동은 무엇입니까(L)? （　　）

	보기
①	상병의 잘못된 행동을 꾸짖고 정신교육을 시킨 후 경계근무 편성 시 상병과 일병의 근무시간이 겹치지 않게 편성하여 마무리한다.
②	중대장이 알았을 경우 소대를 불신할 수 있으므로 조용히 무마한다.
③	즉시 상병과 일병을 분리조치하고 징계위원회를 개최하여 규정에 의해 처리한다.
④	즉시 중대장에게 보고하고 상병과 일병을 분리조치한 후 군사경찰에 수사를 의뢰한다.
⑤	외부로 전파될 경우 문제가 커질 우려가 있기 때문에 자체적으로 징계하라는 중대장의 지시사항에 따른다.

PART 2

모의고사

상황판단평가								
08	M	①	②	③	④	⑤	⑥	⑦
	L	①	②	③	④	⑤	⑥	⑦

다음 상황을 읽고 제시된 질문에 답하시오.

> 당신은 1중대 1(부)소대장이다. 이번 달에 중대 전투력 측정에서 저조한 성적을 보였고 이로 인해 자신감이 떨어진 상태에서 오후 주특기 관련 시간에 잘 알고 있는 사항도 답변하지 못하고 행동도 하지 못해 용사들 앞에 서는 것도 자신감이 떨어졌다.
> 이 상황에서 당신은 어떻게 하겠는가?

이 상황에서 당신이 Ⓐ 가장 할 것 같은 행동은 무엇입니까(M)?　　　　　　　(　)

　　　　　　　　　　 Ⓑ 가장 하지 않을 것 같은 행동은 무엇입니까(L)?　　　(　)

보기
① 매일 아침 큰 소리로 기합을 넣어 스스로 자신감을 부여한다.
② 중대장에게 소대원들을 볼 면목이 없기 때문에 보직변경 요청을 한다.
③ 평소와 같이 아무런 문제가 없다는 듯이 행동한다.
④ 중대장에게 현재 나의 상태에 대하여 설명하고 휴식을 요청한다.
⑤ 주변 친한 동료 (부)소대장에게 나의 상태에 대하여 도움을 요청한다.

		상황판단평가						
09	M	①	②	③	④	⑤	⑥	⑦
	L	①	②	③	④	⑤	⑥	⑦

10 다음 상황을 읽고 제시된 질문에 답하시오.

> 당신은 소대장이다. 어느 날 같은 부대에서 근무했던 전역한 선임이 중대원에게 자기 회사에서 판매하는 휴대폰을 홍보할 수 있는 시간을 달라고 한다.
> 이 상황에서 당신은 어떻게 하겠는가?

이 상황에서 당신이 Ⓐ 가장 할 것 같은 행동은 무엇입니까(M)?　　　　　(　)

　　　　　　　　　　　Ⓑ 가장 하지 않을 것 같은 행동은 무엇입니까(L)?　　　(　)

	보기
①	정중히 양해를 구하고 다음 기회에 보자고 이야기한다.
②	선임자와 친한 몇몇 간부를 불러 시간을 준다.
③	같은 부대에서 근무한 인연이 있기 때문에 본인 판단하에 시간을 준다.
④	중대병력을 움직이는 사안이므로 중대장님이나 대대장님께 보고한 후 진행한다.
⑤	제품에 대해 알아보고 승인해 준다.
⑥	주임원사에게 조언을 구하고 조치해 준다.

상황판단평가								
10	M	①	②	③	④	⑤	⑥	⑦
	L	①	②	③	④	⑤	⑥	⑦

제3회 모의고사 • 103

11 다음 상황을 읽고 제시된 질문에 답하시오.

> 당신은 소대장이다. 어느 날 당신의 아버지가 위독하다며 가족들에게서 급한 연락을 받았다. 병원으로 출발하려는 순간, 부대에 탈영병이 생겨 비상이 발생했다.
> 이 상황에서 당신은 어떻게 하겠는가?

이 상황에서 당신이 Ⓐ 가장 할 것 같은 행동은 무엇입니까(M)?　　　　　　（　　）
　　　　　　　　　Ⓑ 가장 하지 않을 것 같은 행동은 무엇입니까(L)?　　（　　）

	보기
①	명령에 어긋나더라도 아버지가 위독하므로 무시하고 병원으로 향한다.
②	부대에 상황을 통보하고 병원으로 바로 출발한다.
③	부대에 자신의 상황을 말하고 병원에 보내주기를 부탁한다.
④	병원에 연락하여 아버지의 상태를 확인한 후, 더 중요하다고 생각하는 것을 선택한다.
⑤	아버지를 다른 형제들에게 부탁하고 부대 업무를 본다.
⑥	무조건 부대에 남는다.

상황판단평가								
11	M	①	②	③	④	⑤	⑥	⑦
	L	①	②	③	④	⑤	⑥	⑦

당신은 T함정의 부사관으로서 함정의 수리업무 및 부서의 부대원 관리를 맡고 있다. 그런데 당신 부서에서 배관 수리업무를 담당하고 있는 A가 개인적인 시험준비로 업무를 소홀히 하고 있다는 이야기를 다른 부사관으로부터 들었다. 배관 수리업무를 자신의 후임 병사에게 지시만 하고 직접 확인하지 않아서 수리가 지연되는 경우도 있었고, 같은 부서 내 다른 사람들에게 업무가 가중되어서 전체의 수리업무 완료가 늦어지는 일도 종종 발생하고 있다.

이 상황에서 당신은 어떻게 하겠는가?

이 상황에서 당신이 Ⓐ 가장 할 것 같은 행동은 무엇입니까(M)?　　　　　(　　)

　　　　　　　　　　Ⓑ 가장 하지 않을 것 같은 행동은 무엇입니까(L)?　　　　(　　)

보기
①	A의 일을 본인 및 부서 내 다른 인원들과 함께 돕고, 시험이 끝난 후 집중하게끔 한다.
②	공과 사를 구분하여 업무하도록 지시하고, 다음에 똑같은 일이 벌어진다면 규정대로 처벌한다.
③	부서 내 전 인원을 불러 업무분장을 명확하게 하고, 개인이 맡은 일은 책임지고 끝내도록 다시 지시한다.
④	부서인원 전체에게 과업시간 중 개인적인 일은 자제하도록 공지한다.
⑤	A에게 연등을 통해 공부시간을 보장해 주고, 과업에도 충실할 것을 당부한다.

상황판단평가								
12	M	①	②	③	④	⑤	⑥	⑦
	L	①	②	③	④	⑤	⑥	⑦

13 다음 상황을 읽고 제시된 질문에 답하시오.

당신은 부대에서 군수품 관리 업무를 담당하고 있다. 어제 상급 부대(연대)에서는 각 부대의 전투물자에 대하여 재고현황을 종합적으로 파악하여 보고하라는 지시가 하달되었고, 이에 따라 당신은 각 예하 부대 (중대)에 전투물자 재고현황을 조사하고자 협조를 요청하였다. 그런데 각 예하 부대들은 각자 부대일정과 업무가 바쁘다보니 협조를 요청해도 기간 내에 현황을 파악하여 자료를 제출하지 않는 것이 일반적이다. 이번에도 보고 날짜는 다가오는데 아직도 몇몇 부대는 요청한 재고조사를 실시조차 하지 않고, 자료를 제출하지 않고 있다.
이 상황에서 당신은 어떻게 하겠는가?

이 상황에서 당신이 Ⓐ 가장 할 것 같은 행동은 무엇입니까(M)?　　　　　　　　　（　　）

　　　　　　　　　 Ⓑ 가장 하지 않을 것 같은 행동은 무엇입니까(L)?　　（　　）

보기
① 지속적인 협조 불이행 시, 상급부대에 건의하여 공식적인 협조지시를 하달해 줄 것을 유도한다.
② 다시 한 번 협조공문을 보내고, 예하 부대(대대) 담당자와 통화하여 업무의 중요성에 대해 설명하여 설득한다.
③ 기한 내에 제출한 부대의 자료만 종합하여 보고서를 작성하고 미제출 부대는 리스트를 작성하여 상급부대 (사단)에 보고한다.
④ 직접 갈 수 있는 곳은 직접 방문하여 조사하면서 발로 뛰는 모습을 보여 준다.
⑤ 지휘부에 사정을 보고한 후, 보고기한을 늦춰서라도 마무리 짓는다.
⑥ 계속 협조를 불이행할 경우, 다른 군수품 배분 시 그 부대에 불이익을 준다.

		상황판단평가						
13	M	①	②	③	④	⑤	⑥	⑦
	L	①	②	③	④	⑤	⑥	⑦

> 당신은 부대원들에게 자료를 정리해 놓으라고 지시하였는데, 다음 날 확인을 해보니 일을 처리하지 않았
> 다는 것을 알게 되었다. 그다지 시간이 걸리는 힘든 작업이 아니었고, 다른 일보다 먼저 처리하라고 지시
> 했었기에 그 일을 처리하지 않은 부대원들을 꾸짖는 중이다. 그런데 병사들이 자신의 잘못을 인정하지
> 않고 계속 변명을 둘러대고 있다.
> 이 상황에서 당신은 어떻게 하겠는가?

이 상황에서 당신이 Ⓐ 가장 할 것 같은 행동은 무엇입니까(M)? (   )

　　　　　　　　　Ⓑ 가장 하지 않을 것 같은 행동은 무엇입니까(L)? (   )

보기	
①	변명하는 것에 대해 지적한 후, 내일까지 다시 하라고 너그럽게 말하고 용서한다.
②	따끔하게 혼내고 교육시킨 후, 반성문을 쓰게 한다.
③	내가 확인하지 않은 잘못도 있으므로 같이 분담하여 빨리 끝내도록 한다.
④	불이행한 업무를 그 자리에서 다시 시키고 끝낼 때까지 지시·감독한다.
⑤	따끔하게 혼낸 후, 자신이 직접 일을 처리한다.
⑥	따끔하게 혼낸 후, 그 자리에서 다시 시킨다.

상황판단평가								
14	M	①	②	③	④	⑤	⑥	⑦
	L	①	②	③	④	⑤	⑥	⑦

당신은 A함정에 처음 배치된 2년 전부터 함정 내의 전기, 설비 관리를 담당하였다. 얼마 전, 당신의 상사로 A장교가 새로 부임해 왔고, 의욕적으로 업무 절차를 개선하려고 한다. 하지만 현재 상황을 완전히 파악하지 못한 상태여서 현실적으로 적합하지 않은 방법을 제시하고 있다. 지금까지는 상급자의 지시이므로 조금 잘못한 부분이 있어도 우선은 모든 부서원들이 따라가고 있지만 비효율적인 업무방식에 부서인원들의 불만이 점점 커져가고 있다.
이 상황에서 당신은 어떻게 하겠는가?

이 상황에서 당신이 Ⓐ 가장 할 것 같은 행동은 무엇입니까(M)?　　　　　　　　　(　)
　　　　　　　　　　Ⓑ 가장 하지 않을 것 같은 행동은 무엇입니까(L)?　　　　(　)

보기
① A장교에게 배와 부서의 현재 상황을 정확히 파악한 후 지시해 달라고 정중하게 조언한다.
② 업무 처리 방식이 부대 상황에 맞지 않는 이유와 근거를 납득할 수 있도록 설명한다.
③ A장교도 시간이 지나면 깨닫게 될 것이므로 우선은 부서 인원들이 수긍할 수 있도록 본인이 중간에서 조율하고, 지시를 이행한다.
④ 비효율적인 지시가 지속될 경우, 본인의 판단하에 효율적인 방식으로 업무를 수행한다.
⑤ 부서원들과 장교와의 간담회를 마련하여 의견교환의 자리를 만든다.

상황판단평가								
15	M	①	②	③	④	⑤	⑥	⑦
	L	①	②	③	④	⑤	⑥	⑦

01 다음 상황을 읽고 제시된 질문에 답하시오.

지휘통솔

> 소대장인 당신은 부대원들을 이끌고 지형정찰 임무를 수행하는 도중 길을 잃었다. 상부에서 요구한 임무 수행 시간은 다 되어 가는데 길을 잃은 대원과 간부들은 모두 당황해 하고, 사기는 저하된 상태이다. 이 상황에서 당신은 어떻게 하겠는가?

이 상황에서 당신이 Ⓐ 가장 할 것 같은 행동은 무엇입니까(M)? ( )

Ⓑ 가장 하지 않을 것 같은 행동은 무엇입니까(L)? ( )

보기	
①	부대원들을 안심시킨 후 신체 건강한 간부와 병사로 팀을 구성하여 지형을 정탐하도록 한다.
②	지형지물을 이용해 방향을 탐지한 후 가장 가까운 도로로 이동하여 지나가는 차량을 이용한다.
③	상급부대에 상황을 이야기하여 시간을 더 확보한 후, 천천히 계속 진행한다.
④	핸드폰으로 연락이 용이한 간부들 중 몇몇을 여러 곳으로 정찰 보내 길을 찾는다.
⑤	지도상에 나와 있는 지점 중 길을 잃기 전의 곳으로 돌아가서 새로 길찾기를 시작한다.
⑥	상부에 현 상황을 보고하고 부대로 복귀할 것을 건의한다.
⑦	부대원들에게 현재 상황을 알리고, 잠시 휴식을 취한 후 다시 진행하여 함께 해결하자고 한다.

상황판단평가								
01	M	①	②	③	④	⑤	⑥	⑦
	L	①	②	③	④	⑤	⑥	⑦

02 다음 상황을 읽고 제시된 질문에 답하시오.

> 당신은 사격통제관 임무를 수행 중이다. 부대 사격장은 민간인 산책로와 인접한 위치에 있다. 중대장의
> 사격통제방송이 나간 후 정상적인 사격훈련이 개시되었다. 그러던 중 민간인 일부가 사격장 근처 등산로
> 에서 송이를 채취하려고 이동하는 것이 목격되었다.
> 이 상황에서 당신은 어떻게 하겠는가?

이 상황에서 당신이 Ⓐ 가장 할 것 같은 행동은 무엇입니까(M)?   (   )

　　　　　　　　　　　Ⓑ 가장 하지 않을 것 같은 행동은 무엇입니까(L)?   (   )

보기
① 중대장에게 즉시 상황을 보고하고 사격중지를 요청한다.
② 무전기를 통해 사격통제관에게 보고한다.
③ 모든 사격을 중지하고 민간인에게 경고한다.
④ 사거리를 고려했을 때 크게 위험하지 않아 사격을 계속하도록 통제한다.
⑤ 확성기를 통해 민간인에게 나갈 것을 방송한다.
⑥ 발견 즉시 민간인에게 달려가 산책로에서 나갈 것을 요청한다.

상황판단평가								
02	M	①	②	③	④	⑤	⑥	⑦
	L	①	②	③	④	⑤	⑥	⑦

다음 상황을 읽고 제시된 질문에 답하시오.

> 당신은 1중대 1(부)소대장이다. 과중한 업무와 피로로 인해 매복작전 준비를 제대로 수행하지 못해 중(소)대장에게 호되게 질책을 받았다.
> 이 상황에서 당신은 어떻게 하겠는가?

이 상황에서 당신이 Ⓐ 가장 할 것 같은 행동은 무엇입니까(M)?   (   )

　　　　　　　　　　Ⓑ 가장 하지 않을 것 같은 행동은 무엇입니까(L)?   (   )

보기
① 제대로 수행하지 못한 이유에 대하여 해명한다.
② 업무가 과중하고 피로로 도저히 업무를 수행할 수 없으니 차후 임무에서 배제해 줄 것을 요청한다.
③ 제대로 준비 못한 책임을 인정하고, 업무의 중요도를 고려하여 추진하여 준비에 소홀함 없이 대비한다.
④ 과중한 업무를 수행하기 어려우므로 분담해 달라고 요청한다.
⑤ 피로가 누적되어 추가 업무수행이 어려워 휴식을 보장해 달라고 요청한다.

상황판단평가								
03	M	①	②	③	④	⑤	⑥	⑦
	L	①	②	③	④	⑤	⑥	⑦

당신은 1중대 1(부)소대장이다. 당신의 중대장은 카리스마 있기로 유명하고, 중대 간부들은 급한 성격과 활동적인 인원이 많다. 그런 와중에 중대장은 12월까지 중대원의 80% 특급전사 달성을 목표로 할 것을 제시하였다. 당신은 목표 달성을 위해 혼신의 노력을 하고 있으나 갈수록 자신감이 떨어지고 힘에 부치는 것을 느끼고 있다.
이 상황에서 당신은 어떻게 하겠는가?

이 상황에서 당신이 ⓐ 가장 할 것 같은 행동은 무엇입니까(M)?   (   )
　　　　　　　　　ⓑ 가장 하지 않을 것 같은 행동은 무엇입니까(L)?   (   )

	보기
①	중대장의 지시이므로 소대원과 중대 간부들에게 무조건 달성해야 한다고 지시한다.
②	분대장들을 집합시켜 놓고 중대장의 지시사항을 그대로 말하고 실행에 옮기라고 지시한다.
③	현재 우리 소대원들의 수준을 정확히 파악한 후 취약점을 분석하고 중대 간부들과 임무를 분담해서 추진하는 등 계획을 세워 추진한다.
④	현재 우리 소대의 능력으로 달성할 수 없다고 말한 후 기간을 연장해 달라고 요청한다.
⑤	중대 간부들과 함께 중대장에게 목표가 너무 높아 달성 불가능하기 때문에 목표를 낮추자고 한다.

상황판단평가								
04	M	①	②	③	④	⑤	⑥	⑦
	L	①	②	③	④	⑤	⑥	⑦

다음 상황을 읽고 제시된 질문에 답하시오.

> 당신은 임관을 하고 처음으로 부대에 배치를 받았다. 하지만 당신이 맡은 소대에는 제대를 앞둔 병장이 여러 명이고 나이도 당신과 비슷해서 병사들과의 관계가 서먹하다.
> 이 상황에서 당신은 어떻게 하겠는가?

이 상황에서 당신이 Ⓐ 가장 할 것 같은 행동은 무엇입니까(M)?　　　　　　(　)

　　　　　　　　　　　 Ⓑ 가장 하지 않을 것 같은 행동은 무엇입니까(L)?　　(　)

보기
① 소대장에게 가서 상황을 설명하고, 조언을 부탁한다.
② 소대원들과 함께 축구나 농구 등을 하면서 친해진다.
③ 소대원 회식자리를 만들어서 서로 친해질 수 있는 시간을 갖는다.
④ 병장들만 따로 불러서 자신의 어려움을 말하고 도움을 요청한다.
⑤ 당연히 처음에는 서먹할 수 있는 것이므로, 충실히 업무를 수행하면서 지내다 보면 시간이 해결할 것이다.
⑥ 병사들을 한 명씩 만나서 고충을 듣고 자신이 해결할 수 있는 일은 도와주면서 친해진다.
⑦ 소대원과의 관계가 더 악화되기 전에 다른 부대로 옮길 수 있게 상급부대에 요청한다.

상황판단평가								
05	M	①	②	③	④	⑤	⑥	⑦
	L	①	②	③	④	⑤	⑥	⑦

> 당신은 신병교육대 관리 업무를 맡고 있는 부사관이다. 오랜만에 가족들과 즐거운 여행을 갔는데 밤늦게 부대에서 고열을 동반한 전염병이 의심되는 신병이 발생하였다. 야간 근무 중에 있던 부하들이 어떻게 처리해야 할지 몰라 당신에게 연락을 취한 것이었다.
>
> 이 상황에서 당신은 어떻게 하겠는가?

이 상황에서 당신이 Ⓐ 가장 할 것 같은 행동은 무엇입니까(M)?　　　　　　　　　(　　)
　　　　　　　　　　Ⓑ 가장 하지 않을 것 같은 행동은 무엇입니까(L)?　　　　(　　)

보기
① 당직사병에게 연락하여 어떻게 된 상황인지 들어 본다.
② 곧장 부대로 복귀하여 조용히 상황을 마무리하고, 상부에는 보고하지 않는다.
③ 오랜만에 누리는 휴가이므로 부대 상황은 잊고 휴가를 즐긴다.
④ 조교들에게 연락하여 알아서 처리하라고 말한다.
⑤ 전화로 지휘체계에 따라 보고하고, 지시에 따른다.
⑥ 전화로 군의관에게 연락한 후 병원으로 이송할 수 있도록 요청한다.

상황판단평가								
06	M	①	②	③	④	⑤	⑥	⑦
	L	①	②	③	④	⑤	⑥	⑦

07 다음 상황을 읽고 제시된 질문에 답하시오.

> 당신은 (부)소대장이다. 최근 내무반 내에서 금전이 자주 분실된다는 건의사항이 있었다. 소대에는 금전은 2만 원 이상 보유하지 말 것을 병사들에게 지시하였으나 일부 병사들은 면회 시 부모님으로부터 받은 돈을 보관하였다고 진술하였다. 개별적인 소지품 검사를 하려고 하였으나 피해자인 후임병이 선임병의 눈치를 볼 것 같아 이를 행하기도 어렵다.
> 이 상황에서 당신은 어떻게 하겠는가?

이 상황에서 당신이 Ⓐ 가장 할 것 같은 행동은 무엇입니까(M)?　　　　　　(　)

　　　　　　　　　　 Ⓑ 가장 하지 않을 것 같은 행동은 무엇입니까(L)?　　(　)

	보기
①	전 인원에 대하여 소지품 검사를 실시한다.
②	전 인원을 대상으로 자백하지 않으면 이 시간 이후로 얼차려를 부여한다고 이야기한다.
③	일정한 시간과 장소를 지정한 후, 가져다 놓을 경우 책임을 묻지 않겠다고 지시한다.
④	피해 병사들을 상대로 무기명으로 진술서를 작성하도록 하여 금전을 훔친 인원을 색출하고, 색출된 인원은 비밀을 보장하여 정신교육을 통해 차후 동일한 일이 발생하지 않도록 한다.
⑤	이번 일은 규정을 지키지 않아 어쩔 수 없이 발생한 일이라고 하고, 병사들에게 앞으로 2만 원 이상 보유하지 말고 이를 어겼을 경우 처벌한다고 지시한다.
⑥	2만 원 이상 보유하고 있던 규정을 지키지 않은 병사를 질책한다.

상황판단평가								
07	M	①	②	③	④	⑤	⑥	⑦
	L	①	②	③	④	⑤	⑥	⑦

08 다음 상황을 읽고 제시된 질문에 답하시오.

> 당신은 (부)소대장이다. 소대 내 ○○일병은 내성적인 성격과 어눌한 말투로 인해 소대원들과 잘 어울리지 못하고 집단 따돌림을 당하고 있다. 또한 주특기 등의 성적이 저조하여 각종 측정 시 분대장 등 선임병으로부터 질책을 받고 있어 그대로 방치하면 사고의 위험이 상존하고 있다.
> 이 상황에서 당신은 어떻게 하겠는가?

이 상황에서 당신이 Ⓐ 가장 할 것 같은 행동은 무엇입니까(M)?　　　　　　　（　　）
　　　　　　　　　　　 Ⓑ 가장 하지 않을 것 같은 행동은 무엇입니까(L)?　　（　　）

보기
① 따돌림을 하지 말라고 교육하고 질책한다.
② 원래 그런 병사이니 관심을 두지 말라고 한다.
③ 분대장들을 집합시켜 성적에 개의치 말고 병력관리를 잘하라고 지시한다.
④ 분대 내 모범병사를 선정하고 1:1 멘토로 지정 후 관리방법에 대해 지침을 주고 주기적으로 보고토록 지시한다. 수시로 면담을 통해 안정적으로 부대에 적응할 수 있도록 한다.
⑤ 분대장 및 분대원들에게 집단 따돌림을 할 경우 처벌한다고 교육한다.

상황판단평가								
08	M	①	②	③	④	⑤	⑥	⑦
	L	①	②	③	④	⑤	⑥	⑦

09 다음 상황을 읽고 제시된 질문에 답하시오.

당신은 A 부대의 소대장이다. 당신은 부하인 B에게 업무에 대한 교육을 한 뒤 임무를 지시하였다. 그러나 B는 이전에 그 임무를 해 본 경험이 없어서 할 줄 모른다며, 스스로 배우고 찾아가며 일하려 하지 않는다. 이 상황에서 당신은 어떻게 하겠는가?

이 상황에서 당신이 ⓐ 가장 할 것 같은 행동은 무엇입니까(M)?　　　　　(　　)
　　　　　　　　　　　ⓑ 가장 하지 않을 것 같은 행동은 무엇입니까(L)?　　(　　)

보기
① 인내심을 갖고, B에게 업무에 대해 상세히 설명하고 가르친 뒤 다시 지시한다.
② 면담을 통해 무엇이 문제인지 파악한 후 B의 능력에 맞는 일을 시킨다.
③ 근무태만에 대해 문책하고, 계속 그럴 경우 징계를 내리겠다고 엄포를 놓는다.
④ 일단 업무는 다른 사람들과 나눠서 하고 지켜본다.

상황판단평가								
09	M	①	②	③	④	⑤	⑥	⑦
	L	①	②	③	④	⑤	⑥	⑦

10 다음 상황을 읽고 제시된 질문에 답하시오.

> 현재 A소대의 소대장 임무를 수행하고 있는 당신은 평소 중대장과 마찰이 많은 편이다. 예를 들어, 훈련 시 당신은 재빠르게 의사결정을 하여 행동하는 편인데, 중대장은 느리지만 신중한 의사결정을 하는 편이다. 이 때문에 당신의 소대원들이 다른 소대원들보다 불이익을 당하는 경우가 많다. 그래서 당신은 중대장과의 관계개선을 통해 중대원들이 불이익을 당하는 경우를 없애야 한다고 생각하고 있다.
> 이 상황에서 당신은 어떻게 하겠는가?

이 상황에서 당신이 Ⓐ 가장 할 것 같은 행동은 무엇입니까(M)?   (　　　)

                      Ⓑ 가장 하지 않을 것 같은 행동은 무엇입니까(L)?   (　　　)

보기
① 중대장과 편하게 이야기 할 수 있는 제3자(중대 참모)에게 조언을 구한다.
② 중대장과 면담을 통해 현재의 의사결정 속도를 빠르게 해달라고 솔직히 부탁한다.
③ 중대장의 관점에서 생각하여 지휘의도를 최대한 맞춰 보려고 노력한다.
④ 내 생각대로 먼저 시행한 후 결과를 최대한 좋게 산출하여 중대장이 내 능력을 알수 있게끔 보여준다.
⑤ 저녁 식사 기회나 술자리를 마련하여 어려움을 중대장에게 호소하고 관계개선을 도모한다.
⑥ 그냥 현재 상황을 받아들이고 변화를 피하지 않는다.
⑦ 의사결정이 내려오기 전까지 움직이지 말고 중대장의 지시가 내려온 후에만 움직여서 중대장 스스로 문제를 깨달을 수 있도록 한다.

상황판단평가								
10	M	①	②	③	④	⑤	⑥	⑦
	L	①	②	③	④	⑤	⑥	⑦

11 다음 상황을 읽고 제시된 질문에 답하시오.

> 당신은 소대장이다. 부임 후 얼마 지나지 않아 폭우에 의한 대민지원 임무 분대로 선정되었다. 동물사체 처리과정을 보며 소대원들은 충격에 빠졌고 엄청난 오물 제거작업 소요에 소대원 전체가 주저하면서 당신만 바라보고 다가가기를 꺼려한다.
> 이 상황에서 당신은 어떻게 하겠는가?

이 상황에서 당신이 Ⓐ 가장 할 것 같은 행동은 무엇입니까(M)? (   )
                   Ⓑ 가장 하지 않을 것 같은 행동은 무엇입니까(L)? (   )

보기
① 개인의 위생 상태를 점검하고 바로 투입시킨다.
② 개인의 위생 상태와 안전조치사항을 교육 후 (부)소대장이 선두에 서서 같이 작업한다.
③ 간부들을 우선 투입하고 병사들은 주변정리에 투입시킨다.
④ 지자체의 일이지 군인이 할 필요가 없는 일이기 때문에 작업하지 않고 철수시킨다.
⑤ 분대장들에게 책임구역을 지정하고 분대 단위로 투입시킨다.

상황판단평가								
11	M	①	②	③	④	⑤	⑥	⑦
	L	①	②	③	④	⑤	⑥	⑦

12 다음 상황을 읽고 제시된 질문에 답하시오.

> 당신은 부대에 근무한 지 만 4년이 넘는 중사이며 부소대장을 맡고 있다. 지금 당신은 얼마 전에 온 경험
> 이 적은 초임 소대장과 함께 부대원들을 이끌고 수색정찰 임무를 수행하고 있다. 그런데 소대장이 힘겨운
> 산만 지형에서 임무수행을 보다 효율적으로 하겠다며, 나에게 부대원 2명을 이끌고 다른 길을 이용해 산
> 아래로 내려가서 특정 지점에서 만나자고 한다. 그러나 당신은 험난한 산길에서 그것도 새벽에 팀을 나누
> 어서 정찰한 후 따로 약속 지점에서 만나기는 절대 쉬운 일이 아니며, 오히려 위험할 수 있음을 그간의
> 경험을 통해 알고 있다.
> 이 상황에서 당신은 어떻게 하겠는가?

이 상황에서 당신이 ⒜ 가장 할 것 같은 행동은 무엇입니까(M)?　　　　　　　(　)

　　　　　　　　　　 ⒝ 가장 하지 않을 것 같은 행동은 무엇입니까(L)?　　　(　)

보기	
①	일단 소대장이 지시한 대로 따른다.
②	그간의 경험에 비추어 볼 때 위험한 판단이라고 잘 설명한 후에 같이 가자고 설득한다.
③	중대장에게 보고하여 소대장의 지시대로 하면 위험하다는 것을 알려 조치 받는다.
④	일단 소대장이 지시한 대로 임무를 수행하고 나서 사후 강평으로 위험한 행동이었다고 설명한다.
⑤	위험을 알리고 그 동안의 경험에서 나온 효율적인 대안을 제시해 본다.

상황판단평가								
12	M	①	②	③	④	⑤	⑥	⑦
	L	①	②	③	④	⑤	⑥	⑦

13 다음 상황을 읽고 제시된 질문에 답하시오.

당신은 소대장이다. 항상 성실하고 진중한 모습을 보여서 가까이 두었던 한 부대원이 어느 날 당신에게 다가와 돈을 좀 빌려줄 수 있느냐고 부탁한다. 이야기를 들어 보니 가난한 가정형편 때문에 며칠 전 병환으로 병원에 입원하신 어머니의 수술비를 감당할 돈이 없다고 한다. 그래서 가능한 많은 돈을 좀 빌려줄수 없는지 당신에게 부탁하고 있다.
이 상황에서 당신은 어떻게 하겠는가?

이 상황에서 당신이 ⓐ 가장 할 것 같은 행동은 무엇입니까(M)?　　　　　　　(　　)
　　　　　　　　　　　ⓑ 가장 하지 않을 것 같은 행동은 무엇입니까(L)?　　　　(　　)

	보기
①	언제 갚을 것인지 확실히 정하고, 우선 내가 빌려줄 수 있을 만큼 돈을 빌려준다.
②	상급자에게 보고하여 모금이나 다른 방안을 모색한다.
③	일단 빌려주고 부대원의 불안한 마음을 헤아려 같이 부모님을 찾아뵙고 안정감을 심어준다.
④	일단 이야기가 사실인지 확인을 하고 조치를 취할 테니, 그 동안 기다리라고 이야기한다.
⑤	많은 돈을 빌려주지는 못하지만, 가능한 만큼 돈을 줄 테니 갚지 않아도 된다고 이야기한다.
⑥	상황이 알려지는 것을 꺼릴 수 있으니, 일단 비밀리에 부대장에게 보고한다.

	상황판단평가						
	M	①	②	③	④	⑤	⑥	⑦
13	L	①	②	③	④	⑤	⑥	⑦

14   다음 상황을 읽고 제시된 질문에 답하시오.

당신이 이 부대에 근무한 지 4년이 되는 해에, K소위가 새로 임관하여 소대장으로 배치되었다. K소위는 아직 이 부대의 내부사정을 모르는 것이 당연한 일임에도 물어보는 것을 소대장으로서의 위신이 깎이는 것으로 생각하여, 당신의 의견은 전혀 구하지 않고 혼자서 모든 의사결정을 하곤 한다. 그러다 보니 부대 업무가 계속 비효율적으로 진행되고 있다.
이 상황에서 당신은 어떻게 하겠는가?

이 상황에서 당신이 Ⓐ 가장 할 것 같은 행동은 무엇입니까(M)?   (   )
　　　　　　　　　　　Ⓑ 가장 하지 않을 것 같은 행동은 무엇입니까(L)?   (   )

보기
①	내 조언을 듣지 않더라도 소대장에게 지속적으로 조금씩 나의 의견을 이야기한다.
②	계속 이대로 진행하면, 지휘관에게 건의하겠다고 이야기하고 생각할 수 있는 시간을 준다.
③	비록 업무가 비효율적이어도 소대장의 방식을 응원하고 이행한다.
④	다른 선배에게 어떻게 해야 할지 조언을 구한다.
⑤	내 업무만 신경 쓰고 도움을 원하지 않으면 돕지 않는다.
⑥	중대장이나 행정보급관에게 보고 후 조치 받는다.

상황판단평가								
14	M	①	②	③	④	⑤	⑥	⑦
	L	①	②	③	④	⑤	⑥	⑦

15 다음 상황을 읽고 제시된 질문에 답하시오.

> 당신은 부소대장으로, 당신의 부대원들과 지휘훈련을 하는 도중 체력이 약해 매우 힘들어 하는 환자가 발생하였다. 소대장은 소대 전체가 나아갈 길을 찾고 앞에서 이끌어야 하기 때문에 환자 한 명에게 많은 신경을 쓸 수 없으며, 다른 인원들도 모두 지치고 힘들어서 환자를 도와주기 어려운 상황이다.
> 이 상황에서 당신은 어떻게 하겠는가?

이 상황에서 당신이 Ⓐ 가장 할 것 같은 행동은 무엇입니까(M)?   (   )
　　　　　　　　　 Ⓑ 가장 하지 않을 것 같은 행동은 무엇입니까(L)?   (   )

	보기
①	소대장이나 선임병에게 분대를 이끌어 달라고 당부하고 나는 환자를 돌보며 끝까지 훈련에 임한다.
②	의무반을 불러 환자를 부대로 돌려보낸 다음 임무를 계속 수행한다.
③	힘들어도 소대원 전부를 이끌고 훈련에 임한다.
④	소대장에게 건의하여 부대원이 지쳐 있는 상황임을 알리고 더 큰 손실을 막는다.
⑤	선임병 한두 명에게 환자를 맡겨서 부대로 복귀시키고 나머지는 훈련에 임한다.
⑥	계획을 수정해서 오늘은 쉬고 다음에 다시 훈련을 한다.

상황판단평가								
15	M	①	②	③	④	⑤	⑥	⑦
	L	①	②	③	④	⑤	⑥	⑦

제 **5** 회 모의고사

01 다음 상황을 읽고 제시된 질문에 답하시오. 의사결정

> 당신은 간부식당 관리담당 부사관이다. 당신이 소속되어 있는 부대의 대대장으로부터 앞으로 연대장 가족에게 주말마다 중식을 제공하라는 지시를 받았다.
> 이 상황에서 당신은 어떻게 하겠는가?

이 상황에서 당신이 Ⓐ 가장 할 것 같은 행동은 무엇입니까(M)?　　　　　(　)
　　　　　　　　　　Ⓑ 가장 하지 않을 것 같은 행동은 무엇입니까(L)?　　(　)

보기	
①	소대장에게 사실을 알리고 조언을 구한다.
②	대대장에게 지시사항 이행 시 문제점을 보고하고, 지침을 기다린다.
③	본인의 가족에게 부탁하여 연대장 가족에게 밥을 해주도록 조치한다.
④	대대장 지시이므로 무조건 따른다.
⑤	부당한 지시이므로 휴대폰으로 음성녹음을 하여 군사경찰에 제출한다.

상황판단평가								
01	M	①	②	③	④	⑤	⑥	⑦
	L	①	②	③	④	⑤	⑥	⑦

다음 상황을 읽고 제시된 질문에 답하시오.

당신은 국방대학교에서 석사 과정을 마치고 이후 중령으로 임무수행 중이다. 처음 배치받은 당신은 상관으로부터 대학원 학위논문 작성을 도와줄 것을 개인적으로 부탁받았다. 이에 당신은 평소 관심이 있던 주제여서 흔쾌히 승낙하여 같이 작업을 하고 있었는데, 점점 그 상관은 당신에게 학위논문 전체를 작성하여 달라고 요구하는 분위기로 몰아가고 있다.
이 상황에서 당신은 어떻게 하겠는가?

이 상황에서 당신이 Ⓐ 가장 할 것 같은 행동은 무엇입니까(M)? (   )

Ⓑ 가장 하지 않을 것 같은 행동은 무엇입니까(L)? (   )

보기	
①	별도로 식사 자리를 만들어 좋게 거절한다.
②	잘못된 것이므로 당당히 하지 않겠다고 말한다.
③	거절 시에는 나중에 다른 영향이 있을 수 있으므로 이번만 도와준다.
④	업무에 방해되지 않는 범위에서만 도울 수 있다고 하고, 전체를 작성하지는 못한다고 말한다.
⑤	직속상관에게 보고하고 조치를 받는다.
⑥	어차피 시작한 것이므로 끝까지 마무리한다.

상황판단평가								
02	M	①	②	③	④	⑤	⑥	⑦
	L	①	②	③	④	⑤	⑥	⑦

03 다음 상황을 읽고 제시된 질문에 답하시오.

> 당신은 대학을 졸업하고 바로 장교(부사관)로 임관하여 현재 소대장 직을 맡고 있으며 평소 국가에 대한 사명감 하나로 지내왔다. 하지만 이번에 새로 전입한 사관학교 출신의 중대장은 당신이 지방대학교를 졸업했던 이유만으로 다른 장교와 비교하여 트집을 잡으며 무시한다. 또한 중요한 안건을 결정할 때는 항상 당신을 제외한 소대장들의 의견만 묻는다.
> 이 상황에서 당신은 어떻게 하겠는가?

이 상황에서 당신이 Ⓐ 가장 할 것 같은 행동은 무엇입니까(M)?　　　　　　　(　　)
　　　　　　　　　　Ⓑ 가장 하지 않을 것 같은 행동은 무엇입니까(L)?　　　(　　)

보기
① 억울하지만 직속상관이므로 무시당하지 않기 위해 더욱 노력한다.
② 상급부대에 억울함을 호소하고 다른 부대로의 전출을 요청한다.
③ 개인적으로 찾아가 공정한 처사에 대해 시정해 줄 것을 요청한다.
④ 당신과 비슷한 처지에 있는 동료에게 이야기하여 중요한 상황에서 중대장의 요구를 수용하지 않는다.
⑤ 중대장이 당신을 무시하므로 똑같이 당신도 중대장을 무시한다.
⑥ 업무를 소홀히 하는 것이므로 중대장이 당신의 불만을 느낄 수 있도록 한다.
⑦ 당신도 사관학교 출신 후배들에게 중대장처럼 대한다.

상황판단평가								
03	M	①	②	③	④	⑤	⑥	⑦
	L	①	②	③	④	⑤	⑥	⑦

04 다음 상황을 읽고 제시된 질문에 답하시오.

> 당신은 소대장이다. 현재 당신의 중대는 부대훈련을 평가받는 마지막 단계에 와 있으며, 완벽한 평가를 위해 오랜 기간 동안 준비하며 몇몇 결점들을 보완하여 왔다. 그러나 부대훈련 평가자는 이러한 결과에 대해 상당히 부정적인 태도를 보이고 있다. 당신이 중대훈련 과정과 결과에 대해 객관적인 시각에서 다시 검토해 보았더니 소대의 훈련상태는 평가자의 의견보다 훨씬 양호한 것으로 분석되었다.
> 이 상황에서 당신은 어떻게 하겠는가?

이 상황에서 당신이 ⓐ 가장 할 것 같은 행동은 무엇입니까(M)?　　　　　　　　(　　)
　　　　　　　　　 ⓑ 가장 하지 않을 것 같은 행동은 무엇입니까(L)?　　　　　(　　)

	보기
①	평가자에게 의견을 개진하기보다는 부대훈련에 더욱 힘써서 다음에는 아무 결점도 보이지 않고 평가를 받을 수 있도록 한다.
②	소대원들에게 결과보다는 과정의 중요성을 인지시키고 독려해 준다.
③	훈련상태가 훨씬 양호한 것은 사실이므로 평가자에게 선처를 부탁하여 재평가를 받을 수 있도록 한다.
④	정확한 데이터와 평가지침을 내세워서 수정해 줄 것을 평가자에게 건의한다.
⑤	상급부대에 재평가를 요구한다.
⑥	혹시 부당한 비리는 없었는지 알아보고 지휘계통으로 보고한다.

	상황판단평가						
04	M ①	②	③	④	⑤	⑥	⑦
	L ①	②	③	④	⑤	⑥	⑦

05 다음 상황을 읽고 제시된 질문에 답하시오.

> 당신은 1중대 1(부)소대장으로 취임했다. 보직신고 시 중대장은 당신의 소대가 최근 분위기가 좋지 않고 각종 임무수행 시 타 소대에 비해 성과가 저조하다면서 소대원들이 임무에 자발적으로 참여하도록 분위기를 바꿔보라고 하였다.
> 이 상황에서 당신은 어떻게 하겠는가?

이 상황에서 당신이 Ⓐ 가장 할 것 같은 행동은 무엇입니까(M)?　　　　　　(　)

　　　　　　　　　Ⓑ 가장 하지 않을 것 같은 행동은 무엇입니까(L)?　　　(　)

보기	
①	부대의 문제점을 파악하고 문제의 원인 해소를 위해 분대장들을 모아놓고 토의한다.
②	부대의 문제점이 무엇인지 진단한 후 간부들과 토의 후 임무분담을 통해 해소한다.
③	전 소대원을 집합시켜 놓고 중대장의 의지를 전파한 후 무조건 따르라고 지시한다.
④	간부들에게 성과 위주로 부대를 지휘할 테니 저조하면 책임을 묻겠다고 한다.
⑤	부대의 문제점이 무엇인지 진단한 후 분대장들과 면담을 통해 참여할 수 있는 여건을 조성하고 문제점 해소를 위해 노력한다.

상황판단평가								
05	M	①	②	③	④	⑤	⑥	⑦
	L	①	②	③	④	⑤	⑥	⑦

다음 상황을 읽고 제시된 질문에 답하시오.

> 당신은 소대장이며, 매주 일요일마다 부대에서는 종교활동을 실시하고 있다. 이러한 중에 외부 천주교 인솔자가 급작스레 모친상을 당하여 당신이 천주교 인솔을 하러 가야 할 상황이 되었다. 하지만 당신의 종교는 기독교이며 교회로 종교활동을 가야 해서 천주교 종교활동 인솔을 할 수 없다. 종교활동 인솔은 대대 명령에 의해 진행되고 있다.
> 이 상황에서 당신은 어떻게 하겠는가?

이 상황에서 당신이 Ⓐ 가장 할 것 같은 행동은 무엇입니까(M)? ( )

　　　　　　　　　　　 Ⓑ 가장 하지 않을 것 같은 행동은 무엇입니까(L)? ( )

보기	
①	종교의 자유는 침해받을 수 없는 고유권한이므로 천주교 인솔을 거부한다.
②	부소대장에게 대신 천주교 종교활동 인솔을 부탁한다.
③	군인으로서 당연한 임무이므로 그대로 수용한다.
④	가까운 소대장에게 부탁하여 명령을 변경한다.
⑤	기독교 예배를 빨리 끝내고 조금 늦더라도 천주교 인솔을 이행한다.
⑥	신부님에게 부탁하여 출장 예배를 드릴 수 있도록 조치한다.

상황판단평가								
06	M	①	②	③	④	⑤	⑥	⑦
	L	①	②	③	④	⑤	⑥	⑦

07 다음 상황을 읽고 제시된 질문에 답하시오.

> 당신은 1중대 1(부)소대장이다. 중대 전투력 측정결과 당신의 소대가 성적이 좋지 못하자 선임 병사들은 최근 전입 온 신병 때문에 결과가 좋지 않다고 생각하여 신병을 대상으로 따돌림, 인격무시 행위 등 가혹행위를 하였다. 이에 신병은 부대적응도 잘 못하고 심적인 부담감으로 인해 우울증 증상도 보이고 있다. 이 상황에서 당신은 어떻게 하겠는가?

이 상황에서 당신이 ⓐ 가장 할 것 같은 행동은 무엇입니까(M)?　　　　　　　(　　)
　　　　　　　　　ⓑ 가장 하지 않을 것 같은 행동은 무엇입니까(L)?　　　(　　)

	보기
①	결과에 따라 무조건 신상필벌로 책임을 묻는다.
②	신병과 면담을 하여 산병의 불안감을 해소시키고, 선임병들에게 따돌림, 가혹행위 등 일체의 부조리한 행위를 못하게 교육한다.
③	신병의 선임 중 모범병사를 신병의 멘토로 지정하고 세심한 지도를 통해 부대에 잘 적응할 수 있도록 유도한다.
④	가혹행위를 한 병사를 색출하여 처벌한다.
⑤	신병에게 저조한 성적에 대해 신경쓰지 말라고 위로한다.

상황판단평가								
07	M	①	②	③	④	⑤	⑥	⑦
	L	①	②	③	④	⑤	⑥	⑦

당신은 (부)소대장이다. 어느 날 밤 당신의 소대원 중 상병이 후임병들을 구타했다. 이 사실을 알고 있는 간부는 당신뿐이다.
이 상황에서 당신은 어떻게 하겠는가?

이 상황에서 당신이 Ⓐ 가장 할 것 같은 행동은 무엇입니까(M)?　　　　　　　　　　　　(　　)
　　　　　　　　　Ⓑ 가장 하지 않을 것 같은 행동은 무엇입니까(L)?　　　　　　(　　)

보기
① 중대장에게 보고하고 조치를 기다린다.
② 선임 간부에게 상황을 말하고 도움을 요청한다.
③ 상병을 따로 불러서 이유를 묻고 다시는 그런 행위를 하지 않겠다는 약속을 받는다.
④ 군대 내에서 있을 수 있는 일이므로 조용히 넘어간다.
⑤ 때린 상병과 맞은 후임병들을 불러서 이유를 묻고 함께 해결방안을 찾는다.
⑥ 기강이 해이해진 책임을 전체 소대원들에게 돌리고 전체 얼차려를 실시한다.
⑦ 때린 상병에게만 얼차려를 실시한다.

상황판단평가								
08	M	①	②	③	④	⑤	⑥	⑦
	L	①	②	③	④	⑤	⑥	⑦

> 당신은 군 생활 20년 차의 원사이다. 당신보다 어린 이제 막 전입한 중대장이 당신에게 여러 가지 개인적인 일을 지시했다. 부당한 일이라며 불만을 토로하자 상사가 시키는 일에는 복종하라고 명령했다.
> 이 상황에서 당신은 어떻게 하겠는가?

이 상황에서 당신이 Ⓐ 가장 할 것 같은 행동은 무엇입니까(M)?   (   )
                   Ⓑ 가장 하지 않을 것 같은 행동은 무엇입니까(L)?   (   )

	보기
①	부당하지만 지시대로 이행한다.
②	지시대로 이행한 후 대대장에게 보고해 조치를 취한다.
③	아무리 상사라 할지라도 부당한 업무는 받아들일 수 없다고 다그친다.
④	이번 일은 부당하지만 지시대로 이행한다고 하고, 다음부터는 절대로 그런 지시를 하지 못하도록 이야기한다.
⑤	군 생활을 하면서 친하게 지내는 장교들에게 중대장에게 압력을 가해 달라고 부탁한다.
⑥	중대장보다 나이 어린 상사를 찾아 똑같은 상황을 겪게 해달라고 부탁한다.
⑦	당신의 후배들에게 억울함을 호소하고, 중대장의 부당한 명령을 받아들이지 말자고 이야기한다.

상황판단평가								
09	M	①	②	③	④	⑤	⑥	⑦
	L	①	②	③	④	⑤	⑥	⑦

10 다음 상황을 읽고 제시된 질문에 답하시오.

> 당신은 소대장으로서 새로 부대에 배치 받았다. 이 부대는 만성적으로 병사들 간의 보이지 않는 알력이 있어서 사이가 좋지 않고, 통제가 어려운 부대로 소문난 곳이다. 발령 후 살펴보니 소문대로 병사들 사이의 분위기가 좋지 않고, 병사들이 소대장의 지시도 잘 이행하지 않아 현재 당신은 부대지휘에 어려움을 겪고 있다.
> 이 상황에서 당신은 어떻게 하겠는가?

이 상황에서 당신이 Ⓐ 가장 할 것 같은 행동은 무엇입니까(M)?　　　　　　　(　)
　　　　　　　　　Ⓑ 가장 하지 않을 것 같은 행동은 무엇입니까(L)?　　　　(　)

	보기
①	문제병사들을 다른 부대로 전입·전출시킬 것을 상부에 건의하여 소대 구조조정을 유도한다.
②	문제를 일으키는 주요 인물에 대한 징계처분을 통해 부대질서를 바로 잡는다.
③	체력단련을 통해 지휘통솔을 시작한다.
④	병사들 개개인과 면담을 통해 문제가 무엇인지 밝히고 신뢰를 쌓는다.
⑤	분대장들로부터 지휘체계에 따를 수 있도록 집합시켜 정신교육을 실시한다.
⑥	어려운 임무를 상급부대에 요청하여 받은 후, 다 함께 좋은 결과를 얻게 하여 부대 사기와 단합을 증진시킨다.
⑦	분대장들 각각과 면담을 시행하여, 분대장들이 이 문제를 해결할 수 있도록 독려한다.

	상황판단평가							
10	M	①	②	③	④	⑤	⑥	⑦
	L	①	②	③	④	⑤	⑥	⑦

11 다음 상황을 읽고 제시된 질문에 답하시오.

> 당신은 소대장이다. 부대에 얼마 전 신병이 들어 왔다. 그는 초반에는 적응을 잘하는 것처럼 보였으나, 얼마 후 선임병 A와 사소한 일로 다툼을 벌였다. 선임병 A는 일처리 능력이 뛰어나서 부대에서 인정을 받고 있었고, 평판도 좋다. 이 때문에 그 다툼 이후 부대에서는 선임병 A를 감싸고 신병을 따돌리는 분위기이다. 이로 인해 신병은 적응하는 데 힘들어 하고 있다.
> 이 상황에서 당신은 어떻게 하겠는가?

이 상황에서 당신이 Ⓐ 가장 할 것 같은 행동은 무엇입니까(M)?　　　　　　　　（　　）
　　　　　　　　　　　Ⓑ 가장 하지 않을 것 같은 행동은 무엇입니까(L)?　　（　　）

보기
① 선임병 A를 불러 신병에게 관심을 갖고 먼저 다가갈 것을 권유한다.
② 모두의 의견을 들어본 후 함께 얘기할 수 있는 시간을 마련해 오해를 푼다.
③ 상황의 원인과 과정을 확인하고 대원들에게 잘못된 부분을 설명한 후, 동일한 일이 발생하지 않도록 교육한다.
④ 선임병 A와 신병을 화해시키고 선임병 A가 신병에 대해 부대원들에게 좋게 얘기할 수 있게 부탁한다.
⑤ 신병에 많은 관심을 보이고 도와주지만, 개선되지 않을 때는 전출시킨다.
⑥ 신병을 제외한 대원들과 사적인 자리를 만들어 신병이 잘 적응할 수 있도록 도와달라고 부탁한다.

상황판단평가								
11	M	①	②	③	④	⑤	⑥	⑦
	L	①	②	③	④	⑤	⑥	⑦

12 다음 상황을 읽고 제시된 질문에 답하시오.

> 당신이 부소대장으로 있는 소대에 유난히 적응을 하지 못하고 힘들어 하는 병사가 있다. 이 병사는 작업을 지시하면 늘 수긍하지 못하고 불평하는 모습을 보여 주위의 동료 병사들의 능률과 사기를 떨어뜨리는 등 문제를 일으키고 있다. 그는 언제나 소대원들과도 잘 어울리지 못하고 청소나 위에서 지시한 작업에 대해 항상 불만을 표현한다.
> 이 상황에서 당신은 어떻게 하겠는가?

이 상황에서 당신이 Ⓐ 가장 할 것 같은 행동은 무엇입니까(M)?　　　　　(　)

　　　　　　　　　　 Ⓑ 가장 하지 않을 것 같은 행동은 무엇입니까(L)?　　(　)

	보기
①	그 병사가 충분히 할 수 있는 작업을 지시하고 완료되었을 때 칭찬과 격려를 해주어 자신의 존재와 능력이 부대에 얼마나 많은 도움이 되는지 느끼게 해준다.
②	개인적인 면담을 하여 문제의 원인이 무엇인지 파악한다.
③	분대장을 통해 교육하라고 지시한다.
④	롤링페이퍼나 설문조사를 실시해 그 결과를 그 병사에게 알려줌으로써 자신의 문제를 일깨워 준다.
⑤	여러 명이 하는 작업보다는 혼자서 할 수 있는 작업을 시키고 책임의식을 기를 수 있게 한다.
⑥	그 자리에서 얼차려를 부여하며 다그친다.
⑦	중대에 보고해 대책회의를 갖는다.

					상황판단평가			
12	M	①	②	③	④	⑤	⑥	⑦
	L	. ①	②	③	④	⑤	⑥	⑦

13 다음 상황을 읽고 제시된 질문에 답하시오.

> 얼마 전 당신의 후배 하사가 전 부대원들이 보는 앞에서 소대장에게 질책을 받았다. 후배 하사가 잘못한 일이지만 자존심이 많이 상했던 후배 하사는 소대장에게 서운한 마음을 가져 지시사항도 잘 따르지 않고 소대장과 신경전을 벌이고 있다. 이런 관계를 부대원들도 다 알고 있어서 부대원들은 이들의 눈치만 보는 상황이다. 이에 당신은 후배 하사와 소대장의 관계를 회복시키고자 고심 중이다.
> 이 상황에서 당신은 어떻게 하겠는가?

이 상황에서 당신이 Ⓐ 가장 할 것 같은 행동은 무엇입니까(M)? (   )

　　　　　　　　　 Ⓑ 가장 하지 않을 것 같은 행동은 무엇입니까(L)? (   )

보기
① 따로 둘만의 자리를 마련하여 서로의 마음을 풀 수 있는 계기를 마련해 준다.
② 후배 하사를 질책한 후 먼저 사과할 것을 이야기하고, 소대장에게도 앞으로 병사들 앞에서 후배들을 질책하지 말아 달라고 건의한다.
③ 소대장이 잘못한 일이므로 사과하시라고 건의한다.
④ 후배 하사를 다독거리고 마음을 풀어 준다.
⑤ 중대장에게 보고하여 조치 받는다.
⑥ 소대장과 후배 하사를 한자리에 불러서 서로 간에 잘못한 점을 지적해 주고 화해시킨다.
⑦ 소대원들 앞에서 계속 후배 하사를 칭찬해 준다.

상황판단평가								
13	M	①	②	③	④	⑤	⑥	⑦
	L	①	②	③	④	⑤	⑥	⑦

14 다음 상황을 읽고 제시된 질문에 답하시오.

> 부사관인 당신은 A장교와 함께 부대의 인사 관련 업무를 수행하고 있다. 상부의 지시에 따라 이번 주까지 업무수행 계획을 수립하고 보고서를 작성하여 제출해야 한다. 그런데 본 업무를 담당해 처리해야 할 A장교가 다른 업무로 바쁘다며 당신에게 보고서 작성과 관련된 모든 업무를 수행하라고 지시하였다. 업무 특성상 협조 요청을 해야 하는 부서의 담당자들이 장교여서 당신이 협조를 요청해도 일을 건성으로 하거나 일정에 맞춰 자료를 전달해 주지 않아 업무수행에 어려움이 많다.
> 이 상황에서 당신은 어떻게 하겠는가?

이 상황에서 당신이 Ⓐ 가장 할 것 같은 행동은 무엇입니까(M)?　　　　　　(　　)
　　　　　　　　　　　Ⓑ 가장 하지 않을 것 같은 행동은 무엇입니까(L)?　　　(　　)

	보기
①	본인은 그 업무 담당이 아님을 A장교에게 정중하게 이야기하고, 업무분장을 정확히 한다.
②	본인이 할 수 있는 업무까지만 수행한 후, 나머지 일은 협조 부족으로 진행이 안 된다고 A장교에게 말하고 나머지 업무를 부탁한다.
③	A장교에게 항상 기한일보다 앞당겨서 협조를 요청한다.
④	부당한 일이므로 A장교의 선임에게 조언을 구한다.
⑤	타 부서 장교들에게 최대한 빠르게 협조를 부탁하여 필요한 자료를 확보한다.

	상황판단평가							
14	M	①	②	③	④	⑤	⑥	⑦
	L	①	②	③	④	⑤	⑥	⑦

15 다음 상황을 읽고 제시된 질문에 답하시오.

> 당신은 A함대 경리 부사관으로서 계약관리업무를 담당하고 있다. 계약관리업무는 회계 등 수리적인 능력도 어느 정도 있어야 하고 꼼꼼해야 한다. 임관하여 들어온 후배 부사관은 관련 업무 경험이 전혀 없을 뿐만 아니라 숫자에 대한 두려움을 가지고 있어서 실수도 잦고 업무 마감일을 넘기는 일도 많았다. 이러한 이유로 이 후배는 일에 대한 부담을 느껴서 다른 부서로 옮겨달라고 상담을 요청해 왔다.
>
> 이 상황에서 당신은 어떻게 하겠는가?

이 상황에서 당신이 Ⓐ 가장 할 것 같은 행동은 무엇입니까(M)? ( )
　　　　　　　　　Ⓑ 가장 하지 않을 것 같은 행동은 무엇입니까(L)? ( )

	보기
①	상부에 보고하여 부서를 옮기는 일에 도움을 준다.
②	일단 업무량을 줄여주고, 기본부터 차근차근 다시 가르쳐 준다.
③	자신도 예전엔 그랬고 다른 업무도 다 똑같으니 천천히 하나씩 배우라고 한다.
④	엄하게 꾸짖고 혼자 업무능력을 기를 수 있도록 지켜본다.
⑤	적응할 때까지 업무를 도와 일을 대신해 준다.
⑥	쉬운 업무부터 부여하여 자신감을 기를 수 있도록 한다.

상황판단평가								
15	M	①	②	③	④	⑤	⑥	⑦
	L	①	②	③	④	⑤	⑥	⑦

제6회 모의고사

01 다음 상황을 읽고 제시된 질문에 답하시오.   부대관리

> 당신은 소대장이다. 야간 순찰 도중 막사 뒤쪽에서 소란스러운 소리가 들려 가보았더니, 병장 1명이 일병 2명을 주먹으로 겉으로 드러나지 않는 부분만 골라서 폭행하는 것을 목격하였다.
> 이 상황에서 당신은 어떻게 하겠는가?

이 상황에서 당신이 Ⓐ 가장 할 것 같은 행동은 무엇입니까(M)?   (   )

                       Ⓑ 가장 하지 않을 것 같은 행동은 무엇입니까(L)?   (   )

	보기
①	무슨 잘못을 했는지 따져보고 서로 오해를 풀어 해결방법을 찾는다.
②	못 본 척하고 그냥 넘어간다.
③	상황을 파악하고, 폭행을 멈추도록 조치한다.
④	당직사령에게 사실을 보고하고 조치를 기다린다.
⑤	같은 소속 내무반 병사들에게 모두 얼차려를 실시한다.
⑥	일병들에게 억울함이 풀릴 때까지 병장을 폭행하라고 지시한다.

상황판단평가								
01	M	①	②	③	④	⑤	⑥	⑦
	L	①	②	③	④	⑤	⑥	⑦

02 다음 상황을 읽고 제시된 질문에 답하시오.

> 당신은 초급간부이다. 어느 날 부대 훈련장 제초작업을 지휘하게 되었다. 모든 병사가 열심히 작업을 하고 있는 와중에 당신과 동향인 한 병사가 아프다는 핑계를 대면서 작업은 하지 않고 열외를 하려고 한다. 이 상황에서 당신은 어떻게 하겠는가?

이 상황에서 당신이 ⓐ 가장 할 것 같은 행동은 무엇입니까(M)?   (   )
                        ⓑ 가장 하지 않을 것 같은 행동은 무엇입니까(L)?   (   )

보기
① 단체 활동에서는 빠지지 말라고 타이르고 적절한 일을 시킨다.
② 맡은 지역을 청소하도록 독려하고 게으른 자세를 나무란다.
③ 정신이 번쩍 들도록 혼을 내준다.
④ 공개적으로 자신과의 관계를 부대원들에게 알리고 적당히 모른 체할 것을 부탁한다.
⑤ 몸이 아프다면 의무실에 가서 쉬라고 한다.

상황판단평가								
02	M	①	②	③	④	⑤	⑥	⑦
	L	①	②	③	④	⑤	⑥	⑦

> 당신이 소대장으로 있는 소대의 A일병은 병사들과 간부들 사이에서 고문관이란 별명이 있을 정도로 본인이 맡은 일에 대해 이해력이 부족하고 행동이 느리다. 평가훈련 중 A일병이 속한 분대가 A일병으로 인해 꼴찌를 하게 되었다. 그러자 해당 분대장이 찾아와 A일병 때문에 매번 훈련성과가 안 나고 분대 사기도 저하된다며 A일병을 다른 부대로 전출시켜 달라고 요구하였다.
> 이 상황에서 당신은 어떻게 하겠는가?

이 상황에서 당신이 Ⓐ 가장 할 것 같은 행동은 무엇입니까(M)?　　　(　)

Ⓑ 가장 하지 않을 것 같은 행동은 무엇입니까(L)?　　　(　)

보기
① 중대장에게 보고하여 A일병을 다른 부대로 전출시킨다.
② 해당 분대장에게 A일병이 원래 부족하니 분대장이 이해하라고 잘 타이른다.
③ A일병을 잘 관리하고 지도하지 못한 분대장의 책임을 묻는다.
④ A일병의 문제를 극복할 수 있도록 당신이 직접 옆에서 지도하고 도와준다.
⑤ A일병의 장점을 설명해 주며 분대장을 이해시킨다.
⑥ A일병을 별도로 불러 얼차려를 실시하여 정신 차리도록 교육한다.

상황판단평가								
03	M	①	②	③	④	⑤	⑥	⑦
	L	①	②	③	④	⑤	⑥	⑦

04 다음 상황을 읽고 제시된 질문에 답하시오.

> 얼마 후면 전투력 측정이 있어 한동안 교육훈련에 전념해야 하는 상황이다. 당신이 이끄는 소대는 최근 복무를 마치고 전역을 한 병사들이 많아서 입대한 지 얼마 안 된 신병이 많은 상황이며, 평소 교육훈련을 잘 못하기로 유명한 소대이다. 교육훈련 수준도 낮고 신병도 많아서 원활한 교육훈련이 어렵고 날씨마저 무덥고 습하여 교육훈련 여건도 좋지 못하다. 주어진 시간 안에 무언가 획기적인 방법을 찾지 못한다면 전투력 측정에서 좋지 못한 결과가 나올 것이 뻔하다. 그러나 이번만큼은 좋은 결과를 내어 소대의 명성을 높이고 싶은 것이 당신의 마음이다.
> 이 상황에서 당신은 어떻게 하겠는가?

이 상황에서 당신이 ⓐ 가장 할 것 같은 행동은 무엇입니까(M)?　　　　　　　　　(　　　)

　　　　　　　　　ⓑ 가장 하지 않을 것 같은 행동은 무엇입니까(L)?　　　　(　　　)

	보기
①	교육훈련 준비를 잘하여 소대원들이 재미있게 훈련할 수 있도록 한다.
②	매일 강제적으로 교육훈련을 한다.
③	전투력 측정에서 좋은 성과를 내지 못하면 1개월 동안 휴가를 제한한다고 한다.
④	전투력 측정에서 좋은 성과를 내면 소대 전원에게 포상휴가를 준다고 한다.
⑤	소대원들에게 부탁하여 일과시간 이후에도 계속 훈련을 할 수 있도록 한다.
⑥	여건이 매우 안 좋으므로 이번 측정에서는 좋은 성적을 포기한다.

상황판단평가								
04	M	①	②	③	④	⑤	⑥	⑦
	L	①	②	③	④	⑤	⑥	⑦

당신의 중대장은 항상 선봉에 서서 같은 대대 내 9개 중대에서 항상 최고가 되고 싶어 한다. 그래서 교육 훈련이나 부대관리 등 모든 업무에서 다른 중대보다 더욱 열심히 할 것을 소대장인 당신에게 요구한다. 그러나 매번 업무의 우선순위 없이 과도한 업무를 진행하다 보니, 당신은 물론이고 소대원의 피로도가 가중되어 불만이 생기고 있는 상황이다.

이 상황에서 당신은 어떻게 하겠는가?

이 상황에서 당신이 Ⓐ 가장 할 것 같은 행동은 무엇입니까(M)? (   )

Ⓑ 가장 하지 않을 것 같은 행동은 무엇입니까(L)? (   )

보기	
①	군인은 어떠한 지시에도 복종해야 하므로, 어렵고 힘들더라도 무조건 완수할 것을 병사들에게 교육한다.
②	중대장의 의도를 파악하고 추가적으로 해야 할 업무를 고민하여 부하들에게 기존의 중대장의 명령에 추가하여 지시한다.
③	중대장에게 별도로 찾아가서 현재 실시되고 있는 업무의 과중함과 부대원들의 상태를 설명하고 개선해줄 것을 건의한다.
④	소원수리 제도를 통해 익명으로 대대장에게 어려운 점을 호소한다.
⑤	중대장이 내린 지시를 효율적으로 당신이 직접 수정하고 다시 명령을 하달하여 부하들의 불만을 최소화한다.
⑥	피로가 가중되면 전투력 또한 저하되므로, 부하들을 생각하여 중대장의 지시를 이행하지 않는다.

상황판단평가								
05	M	①	②	③	④	⑤	⑥	⑦
	L	①	②	③	④	⑤	⑥	⑦

06 다음 상황을 읽고 제시된 질문에 답하시오.

> 당신은 소대장이며, 부대 시설관리업무를 맡고 있다. 얼마 전 부대에 신형막사 공사가 진행 중이었다. 공사는 민간 A건설에 위탁하였는데, 당신은 공사 진행 상황을 수시로 확인해 오던 중 A건설이 최초 설계와 다르게 공사를 진행하고 있어 부실공사가 우려되는 상황을 발견하였다. 그래서 이를 상관에게 보고하였으나 상관은 건설작업에 대해 별 관심을 보이지 않으며 건설사가 하는 대로 놔두자고 한다.
> 이 상황에서 당신은 어떻게 하겠는가?

이 상황에서 당신이 Ⓐ 가장 할 것 같은 행동은 무엇입니까(M)?　　　　　　　　　　(　　)
　　　　　　　　　　Ⓑ 가장 하지 않을 것 같은 행동은 무엇입니까(L)?　　　　　(　　)

보기
① 공사가 잘못될 경우 최종 책임은 상관에게 있다고 설명하며 공사의 문제점을 시정하도록 설득한다.
② 여러 번 보고하되 책임은 상관에게 있으므로 최종 결정은 상관의 지시에 따른다.
③ 그냥 진행하고 내 책임인 부분의 관리는 철저히 한다.
④ 계약과 다르게 진행되고 있는 내용을 문서로 작성하여 최상위 부서에 보고한다.
⑤ 건설사 관계자에게 최초 설계대로 공사를 진행하도록 이야기한다.
⑥ 계약대로 공사가 진행되지 않음을 확인한 후 계약을 포기하고 다른 업체를 찾는다.

상황판단평가								
06	M	①	②	③	④	⑤	⑥	⑦
	L	①	②	③	④	⑤	⑥	⑦

07 다음 상황을 읽고 제시된 질문에 답하시오.

> 당신은 ○○과 ○○담당관이다. 당신은 상급부대의 실무자로부터 걸려온 현황조사결과 전화에 답변도 제대로 못했다. 이런 행동이 잦아지자 부서장으로부터 정신 차리라는 경고를 받았고, 인접중대 동기들이 위로해 준다며 저녁 식사자리에 초대해서 참석했다. 그리고 다음날 아침 출근이 늦어, 부서장에게 또 호되게 질책을 받았다.
> 이 상황에서 당신은 어떻게 하겠는가?

이 상황에서 당신이 Ⓐ 가장 할 것 같은 행동은 무엇입니까(M)? ( )
　　　　　　　　　 Ⓑ 가장 하지 않을 것 같은 행동은 무엇입니까(L)? ( )

	보기
①	잘못에 대해 인정하고 다시는 지각하지 않겠다고 한다.
②	친한 동료의 초대로 거절할 수 없어 어쩔 수 없어 나갔다고 한다.
③	질책에 대해 기분이 나빠 이를 해소하기 위해 나갔기 때문에 이해해 달라고 한다.
④	상급자와 같이 근무하기 어렵다고 하고 타 부서로 전출을 요구한다.
⑤	몸이 아파 어쩔 수 없이 늦었다고 이야기한다.

	상황판단평가						
07	M	①	②	③	④	⑤	⑥	⑦
	L	①	②	③	④	⑤	⑥	⑦

PART 2

모의고사

새로운 부대로 전입한 당신은 업무 도중에 부대 내의 비리를 발견했다. 비리 내용이 문제가 될 수 있지만 여러 간부가 관계되어 있는 일이라 당신 혼자서 끙끙대며 그 사실을 숨기고 지낸다.
이 상황에서 당신은 어떻게 하겠는가?

이 상황에서 당신이 Ⓐ 가장 할 것 같은 행동은 무엇입니까(M)?　　　　　　　　(　)

　　　　　　　　　 Ⓑ 가장 하지 않을 것 같은 행동은 무엇입니까(L)?　　　　(　)

보기
①	상급부대에 보고하고 조치를 기다린다.
②	비리와 관련이 없는 선임 간부에게 상황을 말하고 도움을 요청한다.
③	비리와 관련된 간부들에게 직접 말해서 시정을 요구한다.
④	정확한 증거를 확보하기 위해 혼자서 비리를 조사한다.
⑤	비리 내용이 군 전체에 직접적인 피해를 끼치는 것이 아니라고 판단되면, 부대 전체를 위해 조용히 넘어간다.
⑥	상급부대에도 비리와 관계되어 있는 사람이 있을 수 있으므로 외부 언론사에 이 사실을 폭로한다.
⑦	비리에 대한 특별한 조치 없이 자신만 다른 부대로 옮길 수 있게 상급부대에 요청한다.

상황판단평가								
08	M	①	②	③	④	⑤	⑥	⑦
	L	①	②	③	④	⑤	⑥	⑦

09 다음 상황을 읽고 제시된 질문에 답하시오.

> 당신은 부대에서 유류품을 관리하는 업무를 맡고 있다. 어느 날 대대장이 여러 가지 개인적인 업무를 보면서 평소보다 2배가량의 연료를 소비하고, 당신을 불러 부대에서 관리하는 연료로 충당해 달라고 부탁했다. 이 상황에서 당신은 어떻게 하겠는가?

이 상황에서 당신이 Ⓐ 가장 할 것 같은 행동은 무엇입니까(M)? (   )

　　　　　　　　　　 Ⓑ 가장 하지 않을 것 같은 행동은 무엇입니까(L)? (   )

	보기
①	그 자리에서 잘못됐음을 밝히고 거절한다.
②	알았다고 이야기하고 돌아와서 국방부 홈페이지에 신고한다.
③	상부기관에 이야기해 적절한 조치를 기다린다.
④	자신이 충당할 수 있는 한에서 요구를 수용한다.
⑤	군대에서의 명령은 절대적이므로 지시한 대로 시행한다.
⑥	당신이 직접 개인적인 자금으로 추가분을 충당한다.
⑦	당신의 승용차에 사용하는 연료도 충당할 수 있도록 요구한다.

상황판단평가								
09	M	①	②	③	④	⑤	⑥	⑦
	L	①	②	③	④	⑤	⑥	⑦

10 다음 상황을 읽고 제시된 질문에 답하시오.

> 당신은 A중대에 새로 부임한 소대장이다. 현재 부대원들의 체력을 측정한 결과 전반적으로 A중대원들의 체력이 군 전체 평균에 미치지 못한다는 것을 발견했다. 그러나 부대원들은 현재의 체력으로도 임무수행이 충분히 가능하다고 여기고 있으며, 보다 강화된 체력훈련에 대해 거부감을 나타내고 있다.
>
> 이 상황에서 당신은 어떻게 하겠는가?

이 상황에서 당신이 Ⓐ 가장 할 것 같은 행동은 무엇입니까(M)?　　　　(　)

　　　　　　　　　　 Ⓑ 가장 하지 않을 것 같은 행동은 무엇입니까(L)?　(　)

보기	
①	부대원들이 거부하더라도 군 전투력에 직접 영향을 미치는 문제이므로 실시를 강요한다.
②	부대 사기 차원에서 체력훈련을 따로 실시하지 않는다.
③	부대원들이 자연스럽게 체력훈련을 할 수 있도록 놀이나 동아리 등을 구성한다.
④	체력 측정결과를 보여주고 부대원들 스스로 얼마나 기준에 미치지 못하는지 깨닫도록 한다.
⑤	기준을 정해, 기준 이상 체력을 증진한 부대원에게 포상하겠다고 하여 동기를 유발한다.
⑥	부대원들에게 체력 측정결과에 관한 체크리스트를 작성·공개하여 기준 미달자와 거부자를 특별 관리하는 등의 불이익을 줄 것이라고 이야기한다.
⑦	상급부대에 어려운 임무를 요청한 후, 이를 수행하지 못하는 것을 보여주고 체력훈련을 시작할 수 있는 명분을 만든다.

상황판단평가								
10	M	①	②	③	④	⑤	⑥	⑦
	L	①	②	③	④	⑤	⑥	⑦

11 다음 상황을 읽고 제시된 질문에 답하시오.

> 당신은 소대장이다. 부대 후문 초소 부근에 나뭇가지가 길에 자라 있어 이동이 제한되었는데, 이동로 확보를 위해 나뭇가지 제거 청소를 하던 중 병사 1명이 부식된 담벼락 철망에 찔려 오른쪽 팔뚝에 깊은 상처를 입게 되었다.
>
> 이 상황에서 당신은 어떻게 하겠는가?

이 상황에서 당신이 Ⓐ 가장 할 것 같은 행동은 무엇입니까(M)?　　　　　　　　(　)

　　　　　　　　　　Ⓑ 가장 하지 않을 것 같은 행동은 무엇입니까(L)?　　　(　)

보기	
①	응급처치 후 군의관에게 파상풍 주사를 조치받도록 한다.
②	민간병원에 외래진료를 받을 수 있게끔 조치한다.
③	피가 멈출 수 있도록 응급처치를 한 후 정상적인 생활을 할 수 있도록 한다.
④	군의관을 불러 피가 난 부위를 소독해 준다.
⑤	중대장에게 보고 후 조치를 기다린다.
⑥	응급처치로서 자체 소독 후 밴드를 붙여 준다.

상황판단평가								
11	M	①	②	③	④	⑤	⑥	⑦
	L	①	②	③	④	⑤	⑥	⑦

12 다음 상황을 읽고 제시된 질문에 답하시오.

> 당신은 부소대장이다. 당신의 상관인 소대장은 다른 소대장들과 비교했을 때, 기술적·전술적 측면 등 여러 면에서 무능하다. 그는 종종 임무수행과 관계없는 지시를 내리며, 비효율적인 업무처리 방식을 고집하고는 한다.
>
> 이 상황에서 당신은 어떻게 하겠는가?

이 상황에서 당신이 ⓐ 가장 할 것 같은 행동은 무엇입니까(M)?　　　　　　　　(　)
　　　　　　　　　　ⓑ 가장 하지 않을 것 같은 행동은 무엇입니까(L)?　　　　(　)

보기
① 일단 지시한 일에 대해서는 수행한 후 나중에 소대장에게 고충과 함께 잘못된 점을 말한다.
② 소대장에게 더 효율적인 업무처리 방식을 건의하여 받아들이도록 설득한다.
③ 소대장과 자리를 마련해서 속마음을 털어 놓는다.
④ 비효율적인 지시에 대해서 그 자리에선 일단 받지만 실행하지 않는다.
⑤ 중대장이나 상급간부에게 보고하여 조치한다.
⑥ 일단 그 자리에서는 지시에 수긍한 후, 지시와 다르지만 나만의 효율적인 방법으로 업무를 처리한다.

상황판단평가								
12	M	①	②	③	④	⑤	⑥	⑦
	L	①	②	③	④	⑤	⑥	⑦

다음 상황을 읽고 제시된 질문에 답하시오.

> 당신은 여러 명의 동료들과 함께 A부대에서 근무하고 있으며, 이들 모두와 대체적으로 잘 지내고 있다고 생각했다. 어느 날 당신은 중대장 및 동료들과 부대 내에서 있었던 사고를 처리하기 위해 회의를 하고 있었다. 그런데 당신이 사람들과 다른 의견을 내는 것을 못 마땅해 하던 동료 K가 교묘하게 다른 이유를 들어가며 고의적으로 당신을 몰아세우고 있다.
> 이 상황에서 당신은 어떻게 하겠는가?

이 상황에서 당신이 Ⓐ 가장 할 것 같은 행동은 무엇입니까(M)?　　　　　　　(　)

　　　　　　　　　　　Ⓑ 가장 하지 않을 것 같은 행동은 무엇입니까(L)?　　(　)

	보기
①	참았다가 회의가 끝난 후 따로 불러서 왜 그랬는지 이유를 물어보고 사과를 요구한다.
②	내 의견에 대한 타당성과 근거, 경험을 차분히 설명하고 K의 심한 언사에 대해 경고한다.
③	상급자에게 안건의 중요성과 K가 보인 문제를 밝힌다.
④	내 의견을 접고 대세를 따른다.
⑤	K의 말을 신경 쓰지 않고 계속 회의를 진행한다.
⑥	다른 동료에게 조언을 구한다.

		상황판단평가						
13	M	①	②	③	④	⑤	⑥	⑦
	L	①	②	③	④	⑤	⑥	⑦

14 다음 상황을 읽고 제시된 질문에 답하시오.

> 당신은 임관한 지 얼마 안 된 하사이며 당신 부서에는 함께 임관한 동기 하사 A가 있다. A는 성격이 매우 소심하고 근무 의욕도 없으며, 다른 선배들과 잘 어울리지도 못한다. 또 요즘에는 A의 집에 일이 생겨 부대 근무에 차질이 생길 정도로 신경 쓸 일이 많다. 그러나 소심한 성격 때문에 힘들어도 주변에 터놓고 말하지 않아 이를 알지 못하는 선배들과 오해가 생기고 있다. A의 어려운 상황을 아는 사람은 당신밖에 없다.
> 이 상황에서 당신은 어떻게 하겠는가?

이 상황에서 당신이 Ⓐ 가장 할 것 같은 행동은 무엇입니까(M)?　　　　　　　　　　(　　)

　　　　　　　　　　Ⓑ 가장 하지 않을 것 같은 행동은 무엇입니까(L)?　　　　　(　　)

	보기
①	가까운 선배 및 동기들에게 A의 상황을 어느 정도 알리고, 선배들이 A를 이해할 수 있도록 돕는다.
②	A와 많은 이야기를 나누고 꾸준히 격려해 준다.
③	어려운 상황이지만 군은 조직사회이고 집안문제는 개인이 해결해야 하는 문제이므로 혼자서 이겨낼 수 있도록 둔다.
④	A의 어려운 상황에 대하여 주임원사 또는 부서장에게 이야기하여 상담할 수 있는 기회를 만들어 준다.
⑤	본인에게도 문제가 있음을 조언해 주고, 사람들과 친해질 수 있도록 모임에 데리고 다닌다.

상황판단평가								
14	M	①	②	③	④	⑤	⑥	⑦
	L	①	②	③	④	⑤	⑥	⑦

15 다음 상황을 읽고 제시된 질문에 답하시오.

> 이번에 군에서 '충무해군' 정신을 강조하기 위해 중요한 행사가 열릴 예정이다. 행사 프로그램에는 간부들을 대상으로 한 발표 경진 대회가 있는데, 평소 글쓰기를 좋아하는 당신의 모습을 눈여겨보던 선배가 당신을 적극 추천하여 발표를 하게 되었다. 그러나 당신은 글쓰기를 좋아하지만 많은 사람들 앞에서 발표해 본 경험도 별로 없고 요즘 업무가 많아 발표를 준비할 시간도 부족하다. 그렇다고 거절을 하자니 적극 추천한 선배 입장이 난처할 수도 있을 것 같아서 고민이다.
>
> 이 상황에서 당신은 어떻게 하겠는가?

이 상황에서 당신이 Ⓐ 가장 할 것 같은 행동은 무엇입니까(M)? （　）

Ⓑ 가장 하지 않을 것 같은 행동은 무엇입니까(L)? （　）

보기	
①	사람들 앞에 당당히 서볼 수 있는 좋은 기회라고 여기고 도전해 본다.
②	상황에 대해 설명하고 사과한 후, 본인보다 더 적합한 사람을 추천해 준다.
③	시간이 부족한 상황임을 설명하고 업무나 발표 준비 과정에서 선배나 동료들의 도움을 받을 수 있도록 조치를 요청한다.
④	본인을 추천해 준 선배의 입장을 생각하여 매일 야근을 해서라도 최선을 다한다.
⑤	추천해 준 것에 대해 감사를 표한 후, 참여할 수 없는 상황을 설명하고 정중하게 거절한다.

상황판단평가								
15	M	①	②	③	④	⑤	⑥	⑦
	L	①	②	③	④	⑤	⑥	⑦

제 7 회

모의고사

01 다음 상황을 읽고 제시된 질문에 답하시오.

의사결정

> 당신은 행정담당 장교이다. 부서에서 상급부대에 보고할 문서를 작성하는데 부대업무 추진실적이 타 부대보다 미흡하여 선임 장교들이 부대의 실적과 맞지 않는 데이터를 임의로 수정하여 보고자료를 만들고 있다.
>
> 이 상황에서 당신은 어떻게 하겠는가?

이 상황에서 당신이 Ⓐ 가장 할 것 같은 행동은 무엇입니까(M)? (　　)

Ⓑ 가장 하지 않을 것 같은 행동은 무엇입니까(L)? (　　)

보기	
①	부서장에게 보고한다.
②	선임 장교들이 맞지 않는 데이터를 인용하는 것이므로 무시하고 실제 데이터를 근거로 보고서를 작성한다.
③	당신의 의견을 선임 장교들에게 설명하고 대화를 통하여 보고서의 방향을 결정한다.
④	보고서의 작성을 포기하고 다른 사람에게 미룬다.
⑤	우리 부서의 일이므로 그대로 놔둔다.

상황판단평가								
01	M	①	②	③	④	⑤	⑥	⑦
	L	①	②	③	④	⑤	⑥	⑦

당신은 중위(사)로 근무 중 장기근무를 지원하였다. 그런데 최근 장기선발 심사에서 입대동기인 같은 부대의 A중위(사)는 선발되고 당신은 누락되었다. 당신은 A중위(사)보다 모든 부분에서 당신의 능력이 더 뛰어나고 친화력도 우수하다고 생각하고 있다.
이 상황에서 당신은 어떻게 하겠는가?

이 상황에서 당신이 ⓐ 가장 할 것 같은 행동은 무엇입니까(M)?　　　　　　　　(　)
　　　　　　　　ⓑ 가장 하지 않을 것 같은 행동은 무엇입니까(L)?　　　　(　)

보기
① 장교(부사관) 장기선발 심사제도의 문제점을 정식으로 제기한다.
② 다른 부대로 전출을 신청한다.
③ 나의 문제점을 파악하고 분발한다.
④ 직속상관에게 항의한다.
⑤ 전역지원서를 제출한다.
⑥ 진로에 대해 어떻게 해야 할지 상급자에게 면담을 신청한다.
⑦ 아무 일 없었다는 듯이 그냥 그대로 근무한다.

상황판단평가								
02	M	①	②	③	④	⑤	⑥	⑦
	L	①	②	③	④	⑤	⑥	⑦

03 다음 상황을 읽고 제시된 질문에 답하시오.

> 당신은 정비업무와 정비교육을 담당하는 초급간부이다. 그런데 A간부가 정비를 하다가 중요한 부품을 파손하여 부대장으로부터 큰 질책을 받았다. 이 일로 인해 A간부는 크게 상심하여 맡은 정비업무에 두려움을 갖고 본인의 업무를 기피하는 등 무기력한 상태를 보인다.
> 이 상황에서 당신은 어떻게 하겠는가?

이 상황에서 당신이 Ⓐ 가장 할 것 같은 행동은 무엇입니까(M)?　　　　　　　　（　　）

　　　　　　　　　　　　Ⓑ 가장 하지 않을 것 같은 행동은 무엇입니까(L)?　　　　　（　　）

	보기
①	아무렇지 않게 A간부를 평소와 같이 대한다.
②	누구나 실수할 수 있으니 괜찮다고 A간부를 위로한다.
③	정비팀을 집합시켜 A간부 사례를 들어 정비업무를 철저히 하도록 교육한다.
④	A간부의 실수를 A간부에게 다시 한번 상기시키고 정비 노하우를 알려준다.
⑤	A간부와 상담하여 애로사항을 경청한다.

상황판단평가								
03	M	①	②	③	④	⑤	⑥	⑦
	L	①	②	③	④	⑤	⑥	⑦

> 당신은 (부)소대장이다. 지금 추계 진지공사가 진행 중이다. 공사 중 소대원 한 명이 찾아와서 몸이 좋지 않다고 이야기하여 확인해 보니, 땀을 많이 흘리고 열이 올라 있는 상태이다. 지금은 영외에 나와 있는 관계로 의무대는 부대 복귀 후에 갈 것을 지시하고 잠시 쉬고 있는 것을 허락하였다. 그런데 중대장이 그 사실을 모르고 해당 소대원이 게으름을 피운다고 생각하여 그 병사를 심하게 꾸짖고 있다. 게다가 병사가 억울한 표정으로 자초지종을 설명하려 하자 중대장은 병사의 이야기를 듣지 않고 기합까지 주려고 한다. 이 상황에서 당신은 어떻게 하겠는가?

이 상황에서 당신이 Ⓐ 가장 할 것 같은 행동은 무엇입니까(M)?　　　　　　(　)

　　　　　　　Ⓑ 가장 하지 않을 것 같은 행동은 무엇입니까(L)?　　　　(　)

보기
① 중대장이 하는 대로 놔두고 상황종료 후 병사와 따로 면담하여 사건 정황을 듣고 격려하고 달랜다.
② 중대장이 하는 대로 놔두고 상황종료 후 나중에 중대장에게 따로 찾아가서 오해였음을 알린다.
③ 중대장이 기합을 주기 전에 나서서 병사를 직접 변론해 준다.
④ 중대장에게 미리 보고하지 않은 점에 대해 양해를 구하고 같이 기합을 받겠다고 한다.
⑤ 그 상황에서 나서서 자신이 교육을 단단히 시키겠다고 하며 그 병사를 따로 빼온다.
⑥ 오히려 내가 당장 기합을 주고 중대장에게 잘못을 구한 후 상황을 설명한다.

상황판단평가								
04	M	①	②	③	④	⑤	⑥	⑦
	L	①	②	③	④	⑤	⑥	⑦

05 다음 상황을 읽고 제시된 질문에 답하시오.

소대장으로 부임한 지 얼마 되지 않은 당신은 부대업무가 낯설고 어렵지만 교범과 규정대로 임무를 수행하려고 노력하고 있다. 당신 밑에 있는 7년 차 중사는 부대 내 모든 훈련업무를 능숙하게 해내는 베테랑으로 인정받는 사람이다. 그런데 중사가 작성한 부대훈련에 관한 실습계획표를 검토하던 중 이상한 점을 발견했다. 실습계획표 내용의 절반가량이 교범과 맞지 않는 것이다. 당신은 중사에게 이를 지적하며 보고서를 다시 작성하라고 지시하였으나 중사는 해당 내용이 부대의 여건에 따른 것이므로 수정이 필요없다고 말한다.

이 상황에서 당신은 어떻게 하겠는가?

이 상황에서 당신이 Ⓐ 가장 할 것 같은 행동은 무엇입니까(M)?   (   )

                       Ⓑ 가장 하지 않을 것 같은 행동은 무엇입니까(L)?   (   )

보기
① 부대 관례이므로 융통성 있게 처리하는 것을 허용한다.
② 책임이 나에게 있는 것이므로 혼자서 보고서를 수정한다.
③ 비슷한 경험을 했을 수 있는 인접부대 선임에게 조언을 구한다.
④ 중사를 설득하고 둘이 협력하여 보고서를 다시 작성한다.
⑤ 중대장에게 보고하여 어떻게 하면 좋을지 상의한다.
⑥ 교범대로 할 것을 다시 한 번 당부한다.

상황판단평가								
05	M	①	②	③	④	⑤	⑥	⑦
	L	①	②	③	④	⑤	⑥	⑦

다음 상황을 읽고 제시된 질문에 답하시오.

> 당신은 중대장이다. 폭풍 피해로 인근 마을이 고립되었다는 소식을 접하고 중대원을 이끌고 대민지원을 나갔다. 막힌 길을 뚫고 마을에 도착했지만, 도착하자마자 산이 무너져 내려 함께 고립되어 버렸다. 이 갑작스러운 사고에 주민들과 부대원들 모두 당황해 불안에 떨고 있다.
> 이 상황에서 당신은 어떻게 하겠는가?

이 상황에서 당신이 ⓐ 가장 할 것 같은 행동은 무엇입니까(M)?　　　　　　　(　)
　　　　　　　　　　ⓑ 가장 하지 않을 것 같은 행동은 무엇입니까(L)?　　　　　(　)

	보기
①	대대장에게 연락을 취해 상황을 설명하고, 결정을 기다린다.
②	사단에 헬기 구조요청을 하고 마을 주민과 중대원을 안전한 장소로 대피시킨다.
③	주민대표들과 소대장들을 소집해 의견을 구하고 가장 좋은 의견에 따른다.
④	위험지역을 판단해 대원들과 함께 주민들을 안전한 마을회관이나 학교로 신속하게 대피시키고, 대대장에게 지원을 요청한다.
⑤	주민들 중 건장한 청년들과 협력해 위험지역의 주민들을 안전한 곳으로 대피시키고, 가지고 간 장비를 동원해 청년들과 힘을 합쳐 막힌 길을 뚫는 작업을 실시한다.
⑥	주민대표들과 상의하여 가장 좋은 방안으로 신속히 처리한다.
⑦	대대장에게 연락을 취해 상황을 설명하고, 대원들과 주민들을 안전한 곳으로 대피시킨다. 비가 그친 후 지원 부대와 함께 도로확보 및 복구작업을 실시한다.

상황판단평가								
06	M	①	②	③	④	⑤	⑥	⑦
	L	①	②	③	④	⑤	⑥	⑦

당신은 군수담당 하사이다. 어느 날 수송부 A중사가 군수품을 이용해 본인 소유 차량의 브레이크 오일과 브레이크 패드를 여러 차례 교환하는 것을 목격하였다. A중사에게 가서 군수품은 부대 소유의 물품이니 그렇게 해서는 안 된다고 말했으나 A중사는 당신의 말을 들은 체도 하지 않는다.
이 상황에서 당신은 어떻게 하겠는가?

이 상황에서 당신이 Ⓐ 가장 할 것 같은 행동은 무엇입니까(M)?　　　　　　　(　　)
　　　　　　　　　　 Ⓑ 가장 하지 않을 것 같은 행동은 무엇입니까(L)?　　　　(　　)

보기
① 수송부 담당 하사가 한 것이니 눈감아 준다.
② 수송부 상관에게 A중사의 군수품 사용 사실을 보고한다.
③ 주변 부사관들에게 A중사가 한 일을 퍼뜨린다.
④ 수송부 군수품 관리자에게 물품이 사적으로 이용된다고 말하여 철저한 관리를 부탁한다.
⑤ A중사가 정비를 빨리 마칠 수 있도록 돕는다.

상황판단평가								
07	M	①	②	③	④	⑤	⑥	⑦
	L	①	②	③	④	⑤	⑥	⑦

08 다음 상황을 읽고 제시된 질문에 답하시오.

당신은 소대장이다. 평소에 술을 좋아하는 중대장이 업무가 없는 밤이면 당신을 불러서 술을 같이 마시자고 한다. 술을 즐기지 않는 당신은 그 술자리가 불편하다. 더욱이 술을 마시는 횟수가 늘어나면서 육체적, 정신적 피로가 쌓이자 정상적인 업무에 지장이 생겼다.

이 상황에서 당신은 어떻게 하겠는가?

이 상황에서 당신이 Ⓐ 가장 할 것 같은 행동은 무엇입니까(M)?   (   )

Ⓑ 가장 하지 않을 것 같은 행동은 무엇입니까(L)?   (   )

보기	
①	대대장에게 가서 상황을 설명하고 도움을 요청한다.
②	군인은 명령에 불복종할 수 없으므로 불만 없이 중대장의 지시에 따른다.
③	피할 수 없다면 즐긴다는 마음으로, 술을 즐길 수 있는 체질로 자신을 바꾼다.
④	다른 선임 부사관들에게 상황을 설명하고 도움을 요청한다.
⑤	중대장에게 직접 술자리의 어려움을 설명한다.
⑥	다른 부대로 옮길 수 있게 상급부대에 요청한다.

상황판단평가								
08	M	①	②	③	④	⑤	⑥	⑦
	L	①	②	③	④	⑤	⑥	⑦

> 당신은 부대에서 보급품을 관리하는 업무를 맡고 있다. 납품하는 업체는 공개[*] 입찰을 통해 선발하는데 이 중 탈락한 한 업체에서 부인의 통장으로 500만 원을 입금했다. 이를 모른 채 3개월이 흘렀고, 자신이 모르는 상황에서 부대에 이 일이 알려져 곤란한 상황에 처하게 되었다.
> 이 상황에서 당신은 어떻게 하겠는가?

이 상황에서 당신이 Ⓐ 가장 할 것 같은 행동은 무엇입니까(M)?   (   )
　　　　　　　　　　Ⓑ 가장 하지 않을 것 같은 행동은 무엇입니까(L)?   (   )

보기	
①	부대에 억울함을 호소하고 들어온 돈을 돌려준다.
②	그동안 자신의 청렴함을 알고 있던 동료들에게 도움을 청한다.
③	업체 대표를 불러 부대에 자신의 결백을 증명하도록 당부한다.
④	억울하지만 돈을 돌려주고 부대의 결정을 기다린다.
⑤	돈을 준 업체를 형사 고발하고 법적으로 맞대응한다.
⑥	대대장에게 상황을 설명하고, 조언을 부탁한다.

상황판단평가								
09	M	①	②	③	④	⑤	⑥	⑦
	L	①	②	③	④	⑤	⑥	⑦

10 다음 상황을 읽고 제시된 질문에 답하시오.

> 당신은 중대장이다. 요즘 부하인 A소대장 때문에 스트레스가 쌓인다. A는 충성심이나 군에 대한 사명감은 높은 편이지만, 소대를 관리하는 능력이 서투르고, 업무처리도 깔끔하지 못한 편이기 때문이다. 게다가 전임 중대장과 A동료들에게서도 A에 대한 나쁜 평판과 불평이 자주 들린다.
>
> 이 상황에서 당신은 어떻게 하겠는가?

이 상황에서 당신이 ⓐ 가장 할 것 같은 행동은 무엇입니까(M)?　　　　　　(　)

　　　　　　　　　 ⓑ 가장 하지 않을 것 같은 행동은 무엇입니까(L)?　　　　(　)

보기	
①	계획인사를 통해 다른 부대로 보낸다.
②	다른 간부에게 A소대장을 도와주라고 이야기한다.
③	부소대장에게 관리를 위임하여 A소대장이 수치심을 느껴 스스로 노력하도록 만든다.
④	A소대장이 정신 차리도록 엄하게 꾸짖는다.
⑤	A소대장의 부족한 점을 남모르게 채워준다.
⑥	A소대장에게 오히려 업무를 많이 줘서 업무처리 능력을 스스로 높일 수 있도록 한다.
⑦	A소대장과 따로 자리를 만들어 진솔한 이야기를 나누어서 문제점을 일깨워주고 격려한다.

	상황판단평가							
10	M	①	②	③	④	⑤	⑥	⑦
	L	①	②	③	④	⑤	⑥	⑦

11 다음 상황을 읽고 제시된 질문에 답하시오.

> 당신은 부소대장이다. 현재 훈련 포상휴가 중인데, 휴가 중 부대에서 중대원 1명이 휴가에서 미복귀했다는 상황을 전달받았다. 소대장은 당신에게 남은 휴가를 보내고 오라고 하였다. 하지만, 중대장은 가급적 휴가에서 일찍 복귀하여 타 중대의 일이지만 서로 합심하여 도와주자고 한다.
> 이 상황에서 당신은 어떻게 하겠는가?

이 상황에서 당신이 Ⓐ 가장 할 것 같은 행동은 무엇입니까(M)?　　　　　　　(　　)
　　　　　　　　　　　Ⓑ 가장 하지 않을 것 같은 행동은 무엇입니까(L)?　　(　　)

	보기
①	소대장의 지시에 따라 남은 휴가를 보내고 복귀한다.
②	다른 소대장에게 부대상황에 대하여 물어 본다.
③	본인의 도움이 현실적으로 필요한 것인지 부대 내 상황을 살핀다.
④	중대장에게 남은 휴가를 보내겠다고 양해를 구한다.
⑤	부대의 간부로서 현 상황을 인지한 후 부대에 복귀하여 임무를 수행한다.
⑥	부대에 즉각 복귀 후 임무를 수행하고, 남은 휴가를 추후 사용하겠다고 요청한다.

상황판단평가								
11	M	①	②	③	④	⑤	⑥	⑦
	L	①	②	③	④	⑤	⑥	⑦

12 다음 상황을 읽고 제시된 질문에 답하시오.

> 당신의 부대에는 당신을 포함해 열 명 정도의 하사가 있으며, 선후배 간의 위계관계가 철저한 편이다. 어느 날 후배가 당신에게 찾아와 선배인 A하사가 종종 욕설을 하고 인격적으로 무시하는 심한 말을 해서 매우 힘들다고 고민을 털어 놓았다. 그러나 당신의 경험상 선배인 A하사는 당신에게 욕설을 하거나 힘들게 했던 일이 전혀 없었다.
> 이 상황에서 당신은 어떻게 하겠는가?

이 상황에서 당신이 Ⓐ 가장 할 것 같은 행동은 무엇입니까(M)? ( )
Ⓑ 가장 하지 않을 것 같은 행동은 무엇입니까(L)? ( )

보기
① 후배에게 참으라고 이야기하고, 힘내라고 격려해 준다.
② A하사에게 후배가 힘들어한다고 이야기한다.
③ 후배에게 A하사가 이유 없이 그럴 사람이 아니라는 것을 인식시키고, 후배가 잘못한 것이 없는지 그 이유를 같이 찾아본다.
④ A하사와 후배가 진솔한 이야기를 나눌 수 있는 자리를 마련해 준다.
⑤ 후배에게 A하사보다 높은 부사관에게 보고하고 자문을 받도록 충고한다.

상황판단평가								
12	M	①	②	③	④	⑤	⑥	⑦
	L	①	②	③	④	⑤	⑥	⑦

13 다음 상황을 읽고 제시된 질문에 답하시오.

> 당신은 부소대장으로 이번에 소대원들을 데리고 훈련을 하게 되었다. 그런데 소대원들이 힘든 훈련을 꺼리고 요령을 피워 훈련에 어려움을 겪고 있다. 이번에도 마찬가지로 상당수의 소대원이 몸이 아프고 체력이 저하되었다고 호소하며, 환자로 대우해줄 것을 요구하고 있다.
> 이 상황에서 당신은 어떻게 하겠는가?

이 상황에서 당신이 ⒜ 가장 할 것 같은 행동은 무엇입니까(M)?　　　　　　　　　（　　）
　　　　　　　　　　　Ⓑ 가장 하지 않을 것 같은 행동은 무엇입니까(L)?　　　（　　）

	보기
①	열외 인원들은 포상 대상에서 제외하거나 얼차려를 부여한다.
②	의무병에게 진료 확인을 하게 하여 진짜 환자를 제외한 후 나머지 인원으로 훈련을 한다.
③	실제 전장이라고 생각하고 자신을 이겨보라며 용기를 주어 훈련에 임할 수 있도록 한다.
④	거짓말임을 알기 때문에 무시하고 훈련을 강행한다.
⑤	중대장이나 소대장에게 보고 후 조치한다.
⑥	솔선수범하여 병사들로 하여금 자발적으로 따르게 한다.
⑦	상급자에게 문의해서 부대 훈련주기를 느슨하게 조절하도록 요청한다.

상황판단평가								
13	M	①	②	③	④	⑤	⑥	⑦
	L	①	②	③	④	⑤	⑥	⑦

14 다음 상황을 읽고 제시된 질문에 답하시오.

> 당신은 A함정의 부사관이다. 지금 A함정은 장기 항해 출동 중으로 이틀 후에 입항할 예정이다. 이번 항해는 여러 가지 일들로 다른 항해 출동보다 많이 힘들었는데, 이제 장기 출동이 끝나가는 상황이어서 부대원들도 많이 들뜬 상태이다. 그런데 갑자기 상부에서 출동을 보름 더 연장하라는 지시가 내려왔다. 갑자기 내려진 연장 명령이기 때문에 부대원들의 사기와 집중도가 급격히 떨어져 있다. 이 상황에서 당신은 어떻게 하겠는가?

이 상황에서 당신이 Ⓐ 가장 할 것 같은 행동은 무엇입니까(M)?　　　　　　　(　)

　　　　　　　　　Ⓑ 가장 하지 않을 것 같은 행동은 무엇입니까(L)?　　　(　)

	보기
①	먼저 긍정적인 모습을 보이고, 적극적으로 활동한다.
②	부대원들에게 정확한 사정을 알리고 함께 고생하자고 격려한다.
③	후임들이 힘들지 않도록 당직이나 의식주 등의 불편함 해소에 주력한다.
④	부사관으로서 상부에 부대원들의 의사를 표현한다.

상황판단평가								
14	M	①	②	③	④	⑤	⑥	⑦
	L	①	②	③	④	⑤	⑥	⑦

15 다음 상황을 읽고 제시된 질문에 답하시오.

> 당신이 소속된 부서의 A선배는 부서 인원들이 함께 참여하여 어떤 일을 해야 할 때 독단적으로 결정하고 시행한다. 예를 들어, 운동 계획을 한번 잡으면 부서 인원들의 의사와는 상관없이 비가 올 때도 야외에서 운동을 하게 하고 업무를 지시할 때에도 각자의 의견은 고려하지 않는 등 일방적·권위적으로 업무를 지시한다. 부서 인원들도 처음에는 잘 따르다가 점점 반감을 갖게 되었으며, 이로 인해 지금은 부서의 분위기까지 나빠졌다. 그러나 당신은 A선배가 그와 같이 독단적으로 업무를 처리하는 것이 부서를 이끌어야 한다는 중압감 때문이라는 것을 잘 알고 있다.
> 이 상황에서 당신은 어떻게 하겠는가?

이 상황에서 당신이 Ⓐ 가장 할 것 같은 행동은 무엇입니까(M)?　　　　　　　　　　(　)

　　　　　　　　　Ⓑ 가장 하지 않을 것 같은 행동은 무엇입니까(L)?　　　　　　(　)

	보기
①	부서원들에게 선배의 입장을 생각하도록 설득하고 선배가 요구하는 말이 어려운 것이 아니면 따르도록 이야기한다.
②	신중히 생각한 후 선배를 찾아가 현재 문제점과 부대원의 불만사항을 논의한다.
③	선배와 후배들이 모여 서로 이야기하고, 입장을 조정할 수 있는 시간을 만든다.
④	잘못된 명령하달 시, 잘못된 사항에 대해서는 바로바로 더 좋은 방안을 제시해 수정될 수 있도록 유도한다.
⑤	A선배보다 상급자인 선배에게 부서의 상황을 설명하고, A선배를 만나 설득해 줄 것을 요청한다.

	상황판단평가						
15	M	①	②	③	④	⑤	⑥	⑦
	L	①	②	③	④	⑤	⑥	⑦

계속 갈망하라. 언제나 우직하게.

- 스티브 잡스 -

꿈을 꾸기에 인생은 빛난다.

- 모차르트 -

좋은 책을 만드는 길, 독자님과 함께하겠습니다.

2024 장교 · 부사관 상황판단

개정2판1쇄 발행	2023년 07월 10일 (인쇄 2023년 05월 17일)
초 판 발 행	2021년 10월 05일 (인쇄 2021년 07월 08일)
발 행 인	박영일
책 임 편 집	이해욱
저 자	오세훈
편 집 진 행	신보용
표지디자인	박종우
편집디자인	차성미 · 박서희
발 행 처	(주)시대고시기획
출 판 등 록	제10-1521호
주 소	서울시 마포구 큰우물로 75 [도화동 538 성지 B/D] 9F
전 화	1600-3600
팩 스	02-701-8823
홈 페 이 지	www.sdedu.co.kr
I S B N	979-11-383-5212-3 (13390)
정 가	20,000원